YESTERDAY AND TODAY FR TOMORROW

昨天和今天，
成就明天的辉煌

| 拿破仑·希尔作品精选集 |

〔美〕拿破仑·希尔 著　　〔美〕朱迪思·威廉森 解读

刘路薇 译

国际文化出版公司
·北京·

图书在版编目（CIP）数据

昨天和今天，成就明天的辉煌／〔美〕拿破仑·希尔（Hill,N.）著，〔美〕朱迪思·威廉森 解读；刘路薇译. －北京：国际文化出版公司，2012.1

ISBN 978－7－5125－0267－3

I.①昨… II.①拿… ②刘… III.①希尔，N.-生平事迹 IV.①K837.125.3

中国版本图书馆CIP数据核字（2011）第208730号

著作权登记号 图字：01－2011－6504号

Napoleon Hill: Yesterday And Today For Tomorrow
© Napoleon Hill Foundation, 2011

昨天和今天，成就明天的辉煌

作　者	〔美〕拿破仑·希尔	
解　读	〔美〕朱迪思·威廉森	
译　者	刘路薇	
责任编辑	韦尔立	
统筹监制	葛宏峰　古　雪	
策划编辑	古　雪　廉　勇	
美术编辑	徐燕南	
市场推广	张　蓉	
出版发行	国际文化出版公司	
经　销	国文润华文化传媒（北京）有限责任公司	
印　刷	三河市同力彩印有限公司	
开　本	880毫米×1230毫米　　32开	
	9印张　　　　　　　150千字	
版　次	2012年1月第1版	
	2018年12月第2次印刷	
书　号	ISBN 978－7－5125－0267－3	
定　价	25.00元	

国际文化出版公司
北京朝阳区东土城路乙9号　　邮编：100013
总编室：（010）64270995　　传真：（010）64271499
销售热线：（010）64271187　64279032
传真：（010）84257656
E-mail：icpc@95777.sina.net
http://www.sinoread.com

目 录
CONTENTS

前　言

　　我能拥有现在的积极生活态度，拿破仑·希尔功不可没。早在1972年，为期一年、每天四个小时的强化销售和积极心态培训中，我有幸接受了希尔成功理念的熏陶。

　　每天，我们组八个成员中的一人负责针对《思考致富》一书的某个章节做一个读书报告。既然这本书里只有十五个章节，我们每三周就能完整地复习一遍。在一年的时间里我们一共复习了十五遍。当时觉得自己都能背下来了。

　　那一年的某一天，我突然领悟到了些东西。我清醒地认识到，采纳希尔的基本成功法则并把它应用于我的生活和家庭中，就能拥有并保持积极向上的心态。最后我成了希尔倡导理念的忠实信徒，时至今日这种积极向上的心态一直伴随着我。

　　我非常认同希尔的成功理念。它已经渗透进我的思想，我的人生观，以及我的语言和文字中。

　　那么，你认同谁的理念？

你认同什么样的思想？

你愿意追随谁的原则？

为了拥有并保持积极的心态，你愿意付出多少努力？

四年前，我和拿破仑·希尔基金会展开了非正式的伙伴合作关系，我负责创作他们每周的电子信件。后来，经别人介绍我结识了朱迪思·威廉森。我们给电子杂志起名为《拿破仑·希尔的昨天和今天》。每周朱迪思都会撰稿，在专栏中，她将拿破仑·希尔的思想和教义与自己的洞察和解读巧妙地融为一体。

朱迪思·威廉森是普渡大学卡柳梅特拿破仑·希尔世界学习中心的主管。二十多年来，她既是拿破仑·希尔原则的学徒，也是老师。她有着非同寻常的洞察力；而且她独树一帜地将希尔的永恒成功法则和21世纪这个新时代巧妙地衔接起来。

这本书别出心裁。

根据希尔的作品，朱迪思编纂了52个章节的课程（注：书中黑体部分为朱迪思解读），为读者们提供一个挑战自我的机会——将每个经验教训付诸实践，并融会贯通。要正确地解读这本书，需要一年的时间才能完成。这本书的目的是每周给你上一堂关于心态、成功和生活的课程，建议你把刚刚学到的理念运用到生活和工作中，然后再进行下一章的学习。

岁月流逝没有淘汰拿破仑·希尔的成功法则，反而彰显出它的重要价值，自有它的道理。归结起来，共有十二个因素，它们共同营造出利于学习和帮助你成功的环境和氛围：

1．语言优雅得体，风格温文尔雅。

2．见解深刻，这些成功原则有理有据，而且经受了岁月的洗礼。

3．文字简单易懂，操作方法行之有效。

4．矛头对准人的弱点和谬误。

5．对症下药，强化人的优点，纠正人的谬误。

6．对金钱有着真知灼见。

7．道德观听起来真挚诚恳。

8．借用现实中活生生的例证，增强了可信度和说服力。

9．鼓励你去行动。

10．倡导的信念是：你能做到!

11．善意的告诫是：当你努力进取时，要小心那些嫉妒、猜疑的外界影响。

12．创下囊括几千万个成功故事的纪录。

许多人都声称自己是个人发展方面的指导大师，而他们都会从希尔这里引经据典，从他这里获得灵感和启发。

拿破仑·希尔历经时间的考验，时至今日，没人能够撼动他在积极心态培养方面的教主地位；也似乎从来没人对他有过微词。

假如让人们列出有史以来五本世界上最为积极正面的书，这本书有可能不会名列榜首，但是我担保这本书一定会出现在名单里面。对于一本80年前出版的老书，这实在是了不起的成就。

这本书是一个礼物。先把它送给你自己。聆听希尔的指点，把他的理念付诸行动，见证奇迹时刻的发生——你会对他深信不疑！然后用你学到的理念去影响别人，给他们也插上成功的翅膀，成就未来的梦想！

——杰夫瑞·吉图默尔
《销售红皮书》及《正面态度黄皮书》作者

第1章

一场危机事件可以迫使一个人专注于自己的行动，并且分清事情的主次和轻重缓急，而之前他却做不到这一点。谈到不幸带给人的好处时，希尔博士过去经常说，不幸中埋藏着一颗幸运的种子——祸兮，福之所倚。当你没有了选择余地，事情反而变得简单起来，也非常容易做决定。不管自己陷入何种不幸的境况之中，坦然接受，并把不利转变成有利。

——艾丽·爱泼斯坦

生活时不时地给我们制造一些磨难，检验我们的勇气，这是稀松平常的事。危机发生时，很多人被彻底打败了，结果一蹶不振；但是另外一些人则抖擞起精神劫后重生，变得比过去更强大更坚韧。在倾尽自己所有、竭尽全力之后，不再纠缠于过去，而是憧憬美好的未来，这种做法就是希尔博士所谓的"关门"。

"关门"可以被视为缺乏怜悯、唯我独尊的无情态度，但是也可以理解为一种进化——因为从心理学的角度上讲，它倡导的是适者生存的原则。面对挫折和不幸，现在我们有两种选择：要么因失败而抱恨终生，用你的长嗟短叹影响周围人的心境；要么从中汲取教训，以积极蓬勃的姿态勇往直前，在挫折中成长。显而易见，这是个艰难的抉择，但是要想成就完美的自我，就必须作出选择。

近来我听到一种说法，"我们脑子里记住的不是日子，而是某些时间和片段。"我很欣赏这种观点，因为假如留存在我们回忆中的都是人生中最美好的时刻，可以想象得出，我们的笑容将是多么明媚灿烂！同样的道理，假如出现在我们脑海中的都是过去阴郁黯淡的时刻，那么阴暗的影子将压得我们喘不过气来。

那么，你在自己的头脑里回忆什么样的场景？只有你自己才能做出选择。在人类的心智中，回忆经常和音乐相随相伴，和嗅觉、触觉紧密相连。作为人类，我们通过自己的感官来加工信息。想象一下，如果我们抱着积极的心态去选择回忆那些带来美好感受的触觉、味觉和声音记忆，难道我们的生活不更美好吗？诚然，"思想决定行为，行为决定习惯，习惯决定性格，性格决定命运"。从不同的心态出发，最终我们收获不同的命运。千里之行，始于足下。那么，你会以怎样的心态迈出走向成功的第一步？

生而贫穷？好极了！

拿破仑·希尔博士

你生下来就饱受贫困之苦吗？好极了！亚伯拉罕·林肯，托马斯·爱迪生，安德鲁·卡内基，还有亨利·福特，跟你一样。

你的境遇跟那些伟人们的很相似！

假如你出身富贵名门之家，生下来时嘴里就含着银汤匙，那么你就丧失了一个大好机会——通过自己的抗争和努力，经过困难的千锤百炼之后，练就一身坚韧不拔、足智多谋的本领。

因为生物学家、社会学家、哲学家和历史学家们都知道，抗争才是根本的生活之道。大自然就是通过这个体系优胜劣汰，确保人类、动物和植物得到持续的进化和提高。从这个意义上说，是造物主的意志鞭策着我们不断地提高完善自我。

任何人都可以通过矢志不渝的信心和信念战胜贫穷。

当然，这场抗争必然是一番苦战，不过它也会给我们带来丰厚而甘美的回报。

这场抗争的艰苦程度和你的态度息息相关。把这场抗争看作是命运对你的挑战，而不是生活对你的诅咒，这样你就能更轻松地应对抗争。

如果你始终抱着积极的心态，而且清楚地认识到：任何绊脚石其实是成就你伟大梦想的垫脚石，那么你将所向披靡，没有任何障碍可以阻拦你迈向财富成功的脚步！

你因为缺乏良好教育而却步吗？有收费低廉甚至是免费的夜校、成人教育课堂、公共图书馆和函授课程，这些都可以帮助你获得便捷的教育。

你因为身体残障而苦恼吗？你所在的城市、城镇和州里面设有康复中心，它们可以最大程度地减少身体残疾给你带来的不便，帮助你成就自我的梦想。

对于拥有决心和勇气的人而言，一切皆有可能。

千里之行，始于足下。而你要迈出关键的第一步。

现在，此时此刻，就是你下定决心的时候。想清楚自己到底想实现什么梦想。把目标写到纸上。记到脑海里。一直把它摆在眼前。然后制定出精确的进程计划，接着按照计划一步步地把梦想变为现实。一旦你完成了这些步骤，就朝着成功的方向迈出了第一步。

但是，不要指望自己凭借误打误撞就能抵达美好的理想彼岸。你必须有目标和计划，还必须有实现目标的万丈雄心。

记住，一个人生下来贫穷，并不注定一辈子穷困潦倒。

只要我们认定，贫穷不是我们的宿命！

《成功无极限》，1968年11月，第61—62页

第2章

　　"你认为自己什么样，你就是什么样。"为了写作，你必须思考。写信的时候，笔端流淌出的是你思想的结晶。通过对往昔的追忆，对现在的分析和对未来的洞察，你的想像力得到了开发。写得越多，你越能享受这个过程，越能从中获得快乐。通过提问的方式，作为作者的你引领读者的思路朝着期望的方向延伸。你帮助他，让他积极响应你的思想。这样，当他回应时，你们的角色实现了互换——他变成了作者，而你是读者。

——W.克莱门特·斯通

尽管外面仍旧数九寒天，天寒地冻，我们的心却期盼着春天的来临。对我而言，把日历翻到下个月这个简单的动作，就能带来春天的希望：漫长的冬日快到尽头，而春天不远了。只要想到种子目录，还有土拨鼠日，情人节和总统日这些节日，我们就知道春天的临近。所以，在寒风依旧凛冽、雪花仍然飘舞的时节，我们需要思考这些不同的事情。这样我们的态度会变得更积极，脚步更轻快而有活力，而我们的微笑也会把冬日的阴霾变成和煦的春天。

　　二月是庆祝情人节的月份，我们可以邮寄贺卡，写充满爱意的便条，还有浪漫的情书，空气中到处弥漫着爱的气息。拿破仑·希尔和W.克莱门特·斯通都曾经写过关于爱和写信的文章，每一篇文章都溢满了对书信这一古老传统的思考和建议。为什么不采纳W.克莱门特·斯通的积极主动精神，"现在就行动起来！"早点把那些情人节信件放进邮箱里？天知道，也许你能对某个人产生积极的影响，而且自己也收获一个意外的惊喜？这个想法绝对值得尝试，说不定你不但能让收信人对你的信过目难忘，甚至还可能牢牢地抓住收信人的心呢。

　　记住，用文字表达自己的时候，借助文字，你在纸端实现了自我的永恒。即便我们不在人世，我们的文字也会永久流传。多少次，你会看着已经亡故的挚爱的人留下的便条，签名或者菜谱而满怀思念？现今的社会是书面合同的社会。一旦事情被写下来，签上名，意义就大不相同，被赋予许多丰富的内涵。这个月里多付出一些情感，多给别人写信吧。等他们回复时，你肯定不会失望的！

爱：人类真正的救世主

拿破仑·希尔博士

爱是人类的伟大情感。它在人类和无穷智慧之间架起沟通的桥梁。

当爱和浪漫的情怀携手，世界为之欢欣，因为世界上伟大的领袖人物、深邃的思想家都兼备这两种潜质。

爱使人类结下血肉亲情。

它涤荡人类内心的自私、贪婪、嫉妒和艳羡，将最谦卑的人变成堂堂正正的皇族。爱从不停留的地方，也永远找不到伟大的影子。

我所说的爱是"elan vital"，是生命的源泉，是行为的动机，是所有创造性的努力和奋斗，它把人类提高到现在的修养和文明水准。

它在人类和地球上其他低等动物之间划出一条楚河汉界。它能决定每个人在他的同胞心目中的地位和分量。

爱是生活富足的根基。它给财富增添了情趣，赋予财富恒久的品质。证明呢，只要粗略地看看那些获得了万贯财富却得不到爱的人的生活是个什么模样。

多付出一点的习惯让人拥有爱的灵魂，因为无私地为他人奉献是爱的最高体现，任何其他的事物都无法与之媲美。

一个真正伟大的人应该满怀悲悯，富有同情心，胸怀宽广。他热爱人类的善，也接纳人类的恶。对待善，他满怀自豪、崇敬和喜悦；对待恶，他满怀怜悯和忧伤。真正伟大的人知道，无论人类拥有什么品行，善恶通常只是由于他们的无知，由于他们无法掌控而造成的结果。

古往今来的智者已经认识到，爱是一剂灵丹妙药，可以用来包扎人类的心灵伤口；爱的力量让人类挺身而出，义无反顾地守护自己的同胞。

真正伟大的人，热爱全人类！

《成功无极限》，1955年1月

第3章

正如一句古代的格言所说："事实胜于雄辩。"而这也是实用信念的关键所在。谁都可以说自己对某件事抱有信念，但是如果不把信念落实到行动并产生预期的结果，那么信念终将半途而废。

——荣·麦卡洛克

付诸行动的信念是一种积极的心态，通过它，人们努力和无穷智慧建立工作的关系（合作机制）。在这种信念的控制下，头脑得到无穷智慧的指引。希尔博士阐述道："当你的意识形成计划的时候……抱着欣赏和感激之情接纳它，而且立刻行动。"在无穷智慧的指引下，你头脑中产生了一个计划；你知道这个计划是正确的，因为你的内心洋溢着强烈的热情和灵感。希尔博士还阐述说："信念是自然赋予我们的灵丹妙药，因为它，自然既可以把人们的想法转变成富可敌国的财富，也可以转变成一贫如洗的贫穷。"

停下来，认真花时间想一想信念的力量是多么地强大！《圣经》告诉我们，只要有实际行动的辅助，那么我们的力量可以移动山川，我们能够把纯真的梦想变为活生生的现实。人们能够通过对意识不断进行暗示来控制他们渴望的结果，这简直是个奇迹。当我们真的想要得到自己渴望的东西时，我们会在脑子里面朝思暮想；在纸上写满我们的渴望；为了实现目标我们还会列出周密的计划；然后开始行动，一步一个脚印地朝着梦想进发。这种对细节的密切关注强化了我们的专注力，唤醒了内心沉睡的巨人——我们的潜意识这个力量无比强大的神灵。然而，那些被希尔博士称为随波逐流、混日子的人中，大约有98％的人潜意识一直蛰伏着，他们的潜能从来没有被发掘利用过！

我们内心的力量可以实现自我、成就自我——一定要记住这个观点，因为它至为重要。没有必要明白其中的运作机制。只要我们相信自己的潜意识，无论什么机制在起作用，都一样奏效。潜意识就像阿拉丁神灯的神灵一样，甘愿满足你的每一个愿望。一旦得到你的指令和允许，它就能战胜一切艰难险阻，满足你的任何愿望。首先想清楚自己想要实现什么梦想，抱着志在必得的信念，以及绝不气馁的信心，这样，你的梦想就能马上实现，速度之快超乎你的想象。

一旦得到命运的厚待，实现了你的梦想，要及时地向你内心的神圣力量表示感谢，并且再接再厉成就更圆满的财富人生。或者，你也可以先感谢再着手实现你的梦想，因为在向上苍表达感谢之际，其实我们在给潜意识发送一个信号——我们已经得到了期望的成果，而宇宙智慧将成全我们的梦想！

对于显而易见的事情，永远不要视而不见！如果你认为自己能，或者认为自己不能，你都是正确的！因为人的想法使然，它起着至关重要的作用。落实到行动的信念像灯油，能够点亮属于你的那盏神灯；而你的神灵奴仆则守在身旁待命，随时准备着满足你的每个愿望。下定决心，主宰自己的命运——现在马上行动！

信念与恐惧的对决

拿破仑·希尔博士

恐惧是倒退的信念。恐惧是对事情产生的不信任感，而信任则是信念的基石。

信念是积极的、乐观的、行动的心态。

你的心态就是某一特定时间所有想法的总和。

积极乐观的心态扎根于一个人的心灵之泉。同时，它有扭转乾坤的力量，可以变祸为福。

你的成就大小只受制于你的心态，心态有多积极，成就就有多大。究其原因，唯一真正能牵制你的是在头脑里画地为牢的做法，这是千真万确的事实。

保持心态的积极向上、不偏离信念的正确航道，你的未来也将灿烂辉煌。但凡抱着期待成功的渴望、踌躇满志者，必将成为最后的王者和赢家。同时，积极、阳光的心态也必然会带给你企盼的健康、财富和幸福。

你的心态，无论是积极的也好，消极的也罢，已经渗入你的性格，融入你的每个思想和念头中。

积极乐观的心态可以让上苍聆听到你的祈祷，把你的渴望变成现实。有了积极乐观的心态，那么其余的事情自然也会瓜熟蒂落，水到渠成。

凡是抱着积极心态工作的人们，总能够把别人眼中的"不可能"变成无可辩驳的现实。

平庸和天才的根本差异就是心态。如果你不喜欢生活给予你的东西，那么就改变你的心态吧，把你喜欢的东西吸引到你的生命中来！同时还要记住一点，不要自暴自弃！要是一个人自己先放弃了，纵使先贤哲人的智慧也拯救不了他的命运。

记住，只有从抗争中我们才能获得力量，这是人类的天数，是造物主给人类的安排；其实，和命运比较起来，我们势均力敌、旗鼓相当，为什么我们却担惊受怕，听凭自己受命运的摆布？！

信念作为一种心态被称为"心灵主发条"，你的目标、渴望和计划可以通过它来转变成对应的客观现实。

付诸行动的信念涵义很广，除了保持积极心态，摆脱艳羡、嫉妒、憎恨和恐惧这些负面情感以外，还包含一些其他的基本要素：明确的目标，并以进取心和实际行动为坚强后盾……承认这个事实——每个不幸中都埋藏着一颗幸运的种子；一时的失手并非失败，坚决抵制失败的裁决……以及养成每天祈祷的习惯，感谢上苍对自己的眷顾。

为了让你的心态与信念协调一致，你需要遵循这些教诲：

1.知道自己渴望的东西是什么，并且决定你将为此付出多大的努力。

2.确认好自己渴望的目标后，运用你的想像力想象自己已经实现了那个梦想。

3.开启自己的心灵，当你受到"直觉"的灵感启发时，马上留意到它的存在，聆听内心的声音，接受来自内心的指引，因为直觉可以揭开问题的答案。

4.当命运战胜了你，不要灰心泄气！这种事情时有发生，你要记住：人的信念通常会受到多方面的磨砺和考验，而这些挫败就是检验你的试金石；所以，坦然地接受失败，换个角度看待失败——它是激发你百折不挠、奋发图强的生命契机。

　　世界上不存在什么"涵盖一切"的信念。你必须有一个明确的目标，然后才可以享受到这种落实到行动的信念带来的好处。信念不会把你想要的东西放在你的手心里，而是给你指明了一条道路，那条道路将直达你的梦想彼岸。

　　　　　　　《成功无极限》，1955年5月，第20—21页

第4章

尽管历尽磨难，但什么也打不倒我。我确定，在我的一生中，积极的心态一直都在支持着我。小时候当人们问我怎么样，我总是说不错，甚至因为严重关节炎发作住院的时候，我也是这么回答的。今天，人们问我同样的问题，我还是回答说"棒极了！"

——汤姆·卡宁汉姆

当别人问到幸福时，亚伯拉罕·林肯说："根据我的观察，人们觉得自己多幸福，他们就有多幸福。"这是个好坏参半的消息。

生活每况愈下的时候，也许我们无法改变事情的结局，但是我们可以改变自己对事情的思考角度，可以改变自己的态度。维克多·弗兰克在他的经典著作《寻找生命的意义》中教诲我们：从根本上讲，我们在生活中唯一能控制的东西就是自己的态度。

生活中的疾病、贫穷、争斗、仇恨，以及其他许许多多我们无法掌控的消极事情展现出生命中丑陋而惨淡的现实。但是，对这些"现实"的看法就决定了我们在个人生活中对待它们的态度。举个例子，如果冰箱里的食物不够给一家四口人做出一顿像样的饭菜，那么不要抱怨，要感到庆幸，因为不管怎样还有吃的。我们还可以像准备庆贺宴会一样用最好的碟子把食物端出来；就餐前感谢这次盛宴，甚至点上蜡烛烘托气氛。改变自己的心态从而改变气氛，可以极大地转变你对事情的认知角度。

你是否曾经注意到，当你的认知角度发生改变时，后面的结果通常也发生了奇妙的转变？这就是心态的魔力所在！心态正是我们驾驭自己命运的方法！改变你的心态，从而改变你的生活。如果你认为你能办到，你是正确的；如果认为自己不能办到，你也是正确的！

下面是W.克莱门特·斯通过去常拿来调整自己心态的一些话语，写得非常好。你也可以试着把它们用到自己的日常生活中，看看这些话语有什么样的魔力，能给你的生活带来什么不同！

◆ 要幸福起来……先要表现得很幸福!

◆ 我觉得自己身体很健康……我觉得开心……我觉得棒极了!

◆ 上帝一直是个好人。

◆ 勇于尝试的人可以取得成功,而坚持不懈的人可以保持成功。

◆ 要勇敢起来!

◆ 每个不幸中埋藏着一颗幸运的种子,苦难有多深,幸福就有多大。

◆ 凡是人类头脑可以构想出来的,凡是人类头脑相信的,都可以变为现实。

◆ 引导你的思想,控制你的感情,主宰你的命运。

◆ 现在就行动!

学着主宰自己的生活

拿破仑·希尔博士

如果听由他人控制你的生活,你永远也不可能找到心灵的平和与安宁。

记住,在所有有关人类的事实中,最深刻的无可辩驳的真理是:造物主赋予了人类唯一完整的,无可辩驳的特权——主宰自己头脑的权力。造物主的初衷一定是为了鼓励人类过自己的生活，做出自己的思考，不受任何他人的干涉，不然上帝就不会给人类的大脑配备头颅骨这么坚硬的保护外壳。

只要简单地行使这种主宰头脑的特权，无论你决定进军哪个领域，你都可以取得前所未有的成就。行使这种特权是成就天才人物的唯一途径。毕竟，天才之所以称为天才，只是因为他能够充分运用自己的大脑朝着自己选定的目标努力，与此同时排除外界因素的干扰，没有误入歧途或者被消磨了斗志。

亨利·福特成为伟大的实业家，其财富堪与克罗伊斯国王媲美，靠的不是他出众的能力和大脑，而是因为他主宰了自己的大脑。他在头脑中勾画出一幅凭借自己的努力打造汽车王国的蓝图，并且排除一切消极因素的影响，直至最后实现自己的目标。

奥威尔和威尔伯·怀特兄弟学会了主宰自己的生活。

因为他们行使了主宰自己头脑的特权，世界才有了第一架成功的飞行器——现代交通工具的前身——它大大缩短了世界各个地区之间的距离，缩短了人与人之间的距离，使得人类的联系更紧密。

托马斯·A.爱迪生学会了主宰自己的生活，用自己的头脑思考。他行使了主宰自己头脑的特权，为人类贡献出了众多有用的发明——他的发明比之前整个文明时代的发明还要多，还要实用。然而，爱迪生却在刚刚上学三个月后就被逐出校门，老师还断言：爱迪生的脑子"不开窍"，无法接受教育。

这个世界像爱迪生这样"不开窍"的脑子还不够多，这是多大的遗憾！

经过这番挫折，爱迪生发现自己可能根本无法接受正规的学校教育。不过他知道，自己有一个可以主宰、可以实现梦想的头脑。他认识到，虽然他本人没有接受任何学科的学校教育，但是他可以利用别人接受的教育来指导最棘手的科学研究并取得成功。他清楚，学校并不是唯一接受教育的地方。

他认识到了这些事情，还有其他很多事实，因为他拒绝接受一个老师给他下的"不开窍"的评语。他完全地主宰了那个"不开窍"的头脑，并且通过它揭示出更多自然界的秘密，而其他人都望尘莫及。

舒曼·汉克夫人还是小姑娘时被送到一个音乐老师那里测试她的嗓音。音乐老师听她唱了几分钟后说道："够了。回去踩你的缝纫机吧。说不定你能当个一流裁缝。想当歌剧演员？不可能！"

记住，那是权威说的话。

那个老师知道嗓音的好坏。但是他不知道一个意志坚决的人可以训练自己的嗓子，并最终实现自己的梦想。

听了这番话，舒曼·汉克夫人原本可以放弃主宰自己的头脑，从此放弃她的追求。可是情况恰恰相反，她的意志比任何时候都坚定，决心要把歌唱好。在这个关头，她行使了主宰自己头脑的特权，因此从几百万个渴望成为歌手却任由别人的看法控制自己的思想、结果失去信心而偃旗息鼓的人群中脱颖而出。

没有几个人洞悉这个秘密——如果自己迫切地希望做成一件事，他就能够把它变成现实。而她知晓这个秘密。

关于这些主宰自己思想、拒绝让他人操控自己生活的人，有一个有趣的现象。他们被打倒后像橡皮球一样反弹回来；而且他们把挫折当作一种向目标进取的尝试，而不是视为"可耻的失败"。在他们眼中，挫败不是绊脚石，而是通往成功的垫脚石。

只有不停受到"我能做到"念头激励和驱使的人，才能最后胜出。这些最后的赢家有工业界的奇才亨利·福特，托马斯·A.爱迪生，安德鲁·卡内基，以及怀特兄弟。

但是，人类中大多数人总是受到"我做不到"念头的奴役——这种人仅仅可以维持生计，而且终其一生饱受苦恼、失望和失败的折磨。

第一次世界大战结束的时候，一个年轻的士兵来看我，他想找到一个工作。先开始他就声称："我就要一张饭票，一个睡觉的地方还有足够的食物，别无它求。"

他黯淡无光、毫无神采的眼神告诉我，他内心的希望之火已经熄灭了。这个人别无所求，一张饭票就可以满足他的欲望；而我却十分清楚，只要有人帮他一把，改变他的心态，他就能自己的人生目标定得高远一些，而且还能把它变成现实。

内心的这些想法促使我问道："你愿意当个百万富翁吗？你明明可以轻易地挣几百万，为什么却只满足于一张饭票呢？"

"请不要开玩笑逗我了，"他叫道，"我还饿着肚子呢，我需要一张饭票。"

"不是这样的，"我回答道，"没有开玩笑，我是认真的。如果你愿意使用自己现有的资产，你就可以当上百万富翁。"

"你这话什么意思，资产？"他质疑说。

"哦，就是积极的心态，"我回答。"现在让我们来清点一下资产，找出来你有哪些具体的优点——能力，经验，等等。我们就从这里着手。"

通过询问，我发现这个年轻士兵当兵前曾当过福勒毛刷的推销员；还有，在战争期间他做了不少伙夫的活儿，学会了一手不错的厨艺。

换言之，他的全部资产就是会做饭、会推销这两个事实。在普通的行业中，无论烹饪还是销售都不能让他直接跻身百万富翁的行列；但是，让他认识自己的头脑、帮助他主宰自己的头脑后，这个士兵可以脱离"普通"行业的平庸。

记住，当时这个年轻人不但是在绝望的汪洋大海中随波逐流，而且还会再次跌入人生的低谷。他需要的不仅仅是个救生圈，他更需要一种激励，鼓舞他从刚刚经历的穷困潦倒和痛苦不幸中重新振作起来。倘若一个人生的最大追求莫过于一张饭票，那么要拯救这样的人可不是件容易的事。

在跟这个年轻人谈话的两个小时里，我的脑子一直都在思考。我的思考是积极乐观的——没有被饥饿和无望打倒，而且有清晰的成功意识。

根据这个年轻士兵拥有的两样资产——销售的能力和烹饪的能力，我努力帮他制定一个计划，让他把自己的资产转变成财富。

"运用你的销售技巧，说服家庭主妇们邀请她们的邻居来参加一个家庭烹饪宴会，怎么样？"我问他。"用特制的烹饪用具准备宴会，然后在招待完客人后，收取整套烹饪用具的订单。你应该可以说服在场半数的女士们购买你的东西。"

"很好，"我的士兵朋友回答说，"可是这段时间，我在哪里睡觉，吃什么呢？更别提钱了，我上哪里筹集买东西的钱呢？"

你不觉得奇怪吗，当心态消极的时候，你的头脑只想着事情的消极面，而且满脑子想的都是困难和阻挠？

"我来操心那些事，"我回答，"你的工作就是把心思都用在卖掉炊具、变成百万富翁这件事上。"

这个年轻人开始了他的新冒险，我把我们的会客厅借给他使用，还解决了他的吃饭问题。

同时，他赊账购买了一些新衣服。我给他做担保，购进他的第一套烹饪用具。

他所需要的东西就这么多。生意正式开张了。第一个星期销售铝制炊具时他挣了将近一百美元。第二周的盈利翻了一番。接着那些帮助他销售炊具的其他员工们也开始接受他的培训。

第一个四年年底的时候，他已经挣了四百多万。而且，他已经筹划出一个每年净盈利好几百万美元的新销售计划，现在，很多人都是按照他设计的计划推销的。

一旦打碎了束缚人类头脑的桎梏，人类就能认识自己，认识自身的无限潜力——我幻想，那时候地狱之门将在恐惧中战栗，而天堂的钟声在欢欣喜悦中敲响！

《成功无极限》，1956年6月，第9—13页

第5章

所有人的性格中都有一种主导的交际属性。这
四种基本的属性是："司机型"，"灵感型"，
"支持型"以及"谨慎型"的人格特征。这四种不
同的风格（简称为DISC）适用于所有的种族，性别和
民族。按照这种分类标准，你属于哪一种？

——弗莱德·维克令

你是哪一种性格的人？你喜欢成为聚光灯下的焦点还是宁愿
在幕后默默无闻地工作？你是一个行动派，思想派，还是两种特
性兼而有之？你的沟通方式偏重语言还是行动？研究结果表明，
知己者知彼。带着这些问题，希尔博士制作出一张个性清单，让

追求成功的人们对自己的人格属性和特征进行评估。你也可以访问www.naphill.org进行在线测试，根据你的得分马上得到反馈。

这类剖析成功的操作工具给我们提供了一个机会，让我们从具体的事物中抽身出来、退后一步，对自己的成功属性进行全局的客观评价。越了解自己的动机和目的，我们就越能控制自己的行为方式，进而影响该行为方式引发的、我们有意或无意养成的习性。

同样的道理，我们越了解自己内心的运作机制，我们越能够配合他人的行为与他们协调一致。众人拾柴火焰高，既然没人能够单枪匹马地取得成功，那么最好的办法就是知道怎样激励他人的行动。在学习强化自己创造性的信念和积极态度的同时，我们也提高了自己成功表现的水准。

注册讲师弗莱德·维克令相信：第一，正面积极的想象；第二：用DISC人格测试法发现自己和他人的人格特征——这两种方法让他在他毕生的推销事业中成为佼佼者。弗莱德想象自己的成功，他洞悉人们性格特征后面隐藏的动机，因此拉近了自己和顾客之间的距离，跟他们进行良好的沟通并成交了一笔笔生意。作为注册讲师，弗莱德满怀热忱地推广这个方法，和渴望成功的人分享；而且他跟学生们保证说，如果按照他的两步骤法，他们都能大大提高自己的成功率。

弗莱德告诉我们，DISC人格测试法能让你迅速把握一个人的世界观，然后你应该按他们的思维方式跟他们交往，而不是依照你自己的标准。由此建立起来的亲密关系不仅能让你结交到朋友，还让你有机会看到"那人的出身和背景"。然后，你可以根据获取的新信息，跟他进行积极正面的交往，进而与他建立起一种同盟关系。关注他们使用的思考模式，你就能投其所好地配合他们的个性特征，跟他们建立起同一水准的"情感联系"。

希尔博士已经发现，个人魅力和身体语言密切相关。话语被认为是语言信息中最无关紧要的因素。相反，面部表情，说话的语调、热忱程度和身体语言释放出的信号比话语本身更能透露真实的信息。看来，当我们敞开心扉跟外界交流时，重要的不是话语本身，而是我们的表达方法。在我们倾听、观察别人交流的时候，我们也应该意识到语言与表达方法这种表面上的矛盾性。那句名言"你的行动'嗓门'那么大，我都听不到你在说什么"确实有道理。明白了这一点后，我们不但需要注意自己说话的内容，更要注意说话的方式。

用剖析成功的问卷、对未来的想像力还有弗莱德的DISC人格测试法来研究你和别人行为背后的动机和内部运作机制。借用这些技能，你的成功指数将大大提高！

理解他人的能力

拿破仑·希尔博士

洞悉人性、了解人性的人都承认，所有的人基本上大同小异，因为他们都是从同一个根系上发展演化而来——所有的人类活动都或多或少受到生命九种基本需求的影响。这九种基本需求是：

◆ 对爱的需求

◆ 对性的需求

◆ 对物质财富的需求

◆ 保护自我的需求

◆ 身体自由、心灵自由的需求

◆ 自我表达的需求

◆ 死后灵魂不朽的需求

◆ 愤怒的情感

◆ 恐惧的情感

要理解别人，首先他必须了解自己。

一旦具备了理解他人的能力，那么人与人之间存在的很多矛盾、摩擦也就失去了存在的理由。理解他人的能力是一切友情的根基。它是人与人之间和谐、合作的前提。它是成功的领导者必须具备的重要素质，因为友好合作是领导别人的前提。还有人相信，它是理解造物主的重要途径。

《打开财富之门的万能钥匙》，佛赛特·克莱斯特图书，

1965年，第23页

第6章

> 无论我们探讨的主题是什么，为了确保人们得到完整、不打折扣和原汁原味的真理，我们应该尽可能地接近事实的根源。只接受事实的真相，而且勇敢地提出问题。
>
> ——珍妮·R.贝瑞

每个人都知道，要战胜诱惑有多么艰难。在我们看来，不费什么气力就获得名誉、财富和成功的希望简直太渺茫了，根本遥不可及。一般说来，情况确实如此。不劳而获的成功缺少了些什么，无法让人产生发自内心的满足感和成就感。别人交到手上的东西，我们不会太珍惜，因为不是我们自己辛苦挣来的。看看那些继承了大笔遗产或是承继了某个显赫头衔的人的生命轨迹是什么样的，你就知道我们的话不是空穴来风。如果把一个东西作为礼物"赠送"给某个人，那么维系他和成就之间的感情纽带就荡然无存了。

回想你内心珍藏的那些辉煌成就吧。就我而言，我曾取得的几项成就历历在目，深深地镌刻在我的脑海中，因为无论哪一个成就都让我付出了巨大的努力。倘若我没有花费任何力气就白白得到一个奖励，那么它只是个空洞的荣誉而已，因为里面没有我的一丁点心血和付出。简单地说，人们只会珍惜自己呕心沥血争取来的东西。

很多人都相信，他们可以乘坐别人的顺风车抵达成功的彼岸，这些抱着依赖思想的人认为这是条逃避艰苦劳动的捷径。然而，这种投机取巧的行为是不值得提倡的。拿破仑·希尔承认，他花了二十多年的时间研究成功法则。他知道，为了揭示同时代那些锐意进取的成功人士的成功"秘诀"，花上二十年的岁月来实现目标实在是太漫长了；但是他也知道，这么做像挖金矿一样——要想实现他想要的目标，他必须付出时间的代价。结果，他终于打开了那扇紧锁的成功之门，他的研究成果启蒙了无数人，他们按照他的成功理念积累财富，并且把自己的人生一步步推向辉煌。因为希尔博士将人们拥有财富的梦想转变成了触手可及的现实，他的追随者对他充满了感激。

当你开始缔造自己的成功帝国，一定要不同凡响，要创造出你自己的风格，但是坚决不要毫无主见，盲目模仿！我总是提醒自己去找到源材料，而坚决抵制被别人处理过的二手信息。二手信息确实跟源信息有关，但两者有着天壤之别。如果你想确切地想知道原作里说的什么，那么必须阅读原作本身。

所以，要小心一点：不要看到那些"最新改进本"，"从未出版面世的"，"最新发行的"，或者"他们隐瞒你的事情"等蛊惑性的字眼就头脑发热、激动万分，因为十有八九它们抱着别的企图——欺骗你远离真实的源信息。记住，如果有些东西看起来好得离谱，那么它们很可能就是骗人的。凭借你的洞察力看清真相，不要被"快速致富经"之类的字眼蒙蔽双眼而误入歧途。真正久经考验的致富方式很简单：开发利用你的大脑，并配合坚持不懈、持之以恒的行动。

如果你想知道哪些书得到了拿破仑·希尔基金会的授权，请访问我们的网址www.naphill.org，并参考罗伯特·约翰逊的专栏。他解释得很清楚，告诉我们怎样辨认那些得到基金会授权的书籍。花点时间了解这些信息是值得的，因为只有购买正版书籍，书籍版税才能够返还给希尔博士创建的基金会。你可以通过书的封皮来识别我们基金会的书籍，因为上面很显眼的地方都印刷有基金会的标识性纹章。

如何战胜诱惑

拿破仑·希尔博士

这里有个绝对可靠的方法，保证你能过上自己想要的生活。

为了培养积极乐观的心态，首先你必须养成一个习惯——坚定不移地把每一次感受立刻转变成确定的行动。

这就是说，不管情形怎样，你都需要拥有一个确定的理念，一个清晰的基本行为标准来指导你的思想和行动。

你应该为自己制定这样一个最重要的规则：不管发生什么情况，如果一笔交易不能给当事的各方带来同等利益，那么坚决不要参与进去。

记住，一方受益并不意味着另一方必然受损。真正成功的唯一衡量标准是当事的任何一方是否都能从中受益。

在星期六晚邮报的创建人——已故赛勒斯·H.K.柯蒂斯的眼中，成功是"一种能力，你得到渴望或者需求的东西同时又不损害他人的利益"。

通过这种积极的思考方式和行为方式，你可以诚实、直率而又自豪地获得成功。我来给你举个例子，让你看看柯蒂斯自己怎么把这种理念运用到实践中。

在邮报创刊的早期，经常发生业务运作资金短缺的情况。但是即便如此，柯蒂斯仍旧下令说，某些类型的广告坚决不接。

一个星期六，他和女婿爱德华·鲍克在拆邮件，指望着能收到足够的钱来支付当天晚些时候的发薪。突然鲍克一声欢呼："有钱了！比我们短缺的还多一倍！"

柯蒂斯看了看信封里的支票说道："抱歉，我们不能收。"这笔钱是一家广告公司寄来的，知道晚报经济拮据，想趁此机会诱惑柯蒂斯给他们印广告，但是因为他们的广告内容令人生厌，柯蒂斯一直拒绝刊登。

"我们不能依赖这种广告来经营晚报，"他说，"早晚有一天，我们坚守的原则会得到回报。"

还有一次，沉重的债务负担让晚报的生存岌岌可危，柯蒂斯最大的债权人——一家纸行不仅延长了还款期限，还借贷给他足够的钱偿还其他债主。这样柯蒂斯得到喘息的机会，他的出版业也得以继续发展。

多年以后，另外一家公司想用低价从柯蒂斯手上买走他的生意，柯蒂斯拒绝了。他说，在最艰难困苦的时候，那个纸行支持了他一把；等他的生意兴旺的时候那个公司还得仰仗他的扶持——这些跟金钱无关！

如果你已经确定了一些道德行为标准，而且不管发生什么情况都严格遵守，那么等到下决定的时候就容易多了。

从一个角度上说，你提前声明了立场——未雨绸缪事先已经做好了决定。因为某些行为惹人生厌，或者因为它们不可取，所以你要采取抵制的态度。

这样，等到必须做决定的时候你就会发现，很多年前你心里就已经有了一杆秤——要按照某些行为准则来要求自己。

记住，跟别人你可以做些让步，但是绝不能跟自己妥协！

《成功无极限》，1968年5月，第37—38页

第7章

> 能用积极心态思考问题而不是从外部因素中找借
> 口，具备了这种能力，我们就可以把阻碍我们施展才
> 能的外部因素——环境因素，经济条件一脚踢开；同
> 时，我们也能够挖掘自己头脑中无限的潜能。
>
> ——查尔斯·茅瑞恩

埃尔波特·哈伯德曾经写过一篇名为《送给加西亚的信》的
出色文章，早在一个世纪前的1899年3月就出版面世了。这个小
故事讲述了肩负艰巨任务的士兵如何不辱使命，靠着坚韧不拔的
恒心和毅力圆满地完成了任务。文章的主题是：不管通过什么方
法"都要圆满完成任务"。如今，这种理念对我们仍然有着借鉴

意义。我们看到过太多这样的场景：任务下达后，执行者却一面提出种种质疑，一面拖拖拉拉。这么做不但严重阻碍了任务的顺利完成，还让执行者丧失了成功的机遇。也许这就是人们总是遗憾悔恨的原因——对上苍布置给你的任务缺乏使命感。

我常常思考这么一句箴言："如果你不具备实现梦想的天赋，上帝也不会让你产生梦想。"上帝，或者我们所说的无穷智慧为我们每一个人提供了实现成功的必备要素，让我们可以实现目标、完成使命或者成就我们毕生的梦想，但是他从来不会代劳。这是我们自己的事，我们得亲力亲为。

好好思考一下，在你的生活中，你要"送给加西亚的信"是什么，你的使命是什么？是高等教育的学历，还是一次服务社区的机会？是生意场上的春风得意，还是子孙满堂，朋友遍天下的美满人生？不管你想要的是什么，只要抱着"我能"的心态接受生活的挑战，就一定能够实现你的目标，因为上苍能够感知到你有这个能力不辱使命。但是，如果面对任务等闲视之，或者疑虑重重不敢迎难而上，甚至避重就轻，那么你也根本无从知道：假如你有勇气把一切顾虑抛开、迎着困难逆流而上，其实你蕴含着无穷的惊人力量！下一次遇到类似的情形，马上行动起来！最终等着你撷取的将是累累的成功硕果，待到那个时刻，你将多么意气风发，豪情万丈！

你一定听说过那句话："上帝藏在生活的小事和细节里。"也许，你的"小事"就是此生上苍布置给你的"家庭作业"。为什么不行动起来，听从心中神圣的声音指引，看看自己到底学到了什么？只有接受了使命，你才能知道结果是什么。在最后的审判席上，上帝也许只会问你一个问题："我给你的使命，你圆满完成了吗？"

值得信赖
拿破仑·希尔博士

你需要培养的多项素质中，其中有一条被人们认为很"老套"——值得信赖。老约翰·D.洛克菲勒曾经跟我说，在选拔人才担当重任时，值得信赖是他物色的最重要品性。

他说，有一次他去国外旅行，交代一个深受他信任的代理人在某个时间点进行一笔投资。

但是，当洛克菲勒离开的时候，市场状况发生了变化。那个代理人没有遵照洛克菲勒的嘱咐，而是投资到了完全不同的证券领域，结果那笔交易带来了几千美金的额外盈利，比遵从洛克菲勒指示的投资收益大多了。

但是代理人的举动并没有得到他预期的奖赏。恰恰相反，洛克菲勒严厉斥责了他的行为。

"值得信赖的意思是，能够指望一个人不折不扣地履行指令，"他说。"虽然你在这件事上轻举妄动，结果还是不错的。"

"但是，你的行为也可能带来灾难性的后果。下次，你擅做决定前必须先征求我的意见。"

有句老话说，下达一个命令其实包含三部分：第一部分是传达命令；第二部分是确保命令的执行；第三是确保执行得正确。

二战时亨利·J.凯瑟尔开发的造船行业里面，值得信赖是个主要的考量标准。为了保证生产的时间计划，机器零部件、设备和人员都必须准时到位。

因此，他雇佣了很多督导以确保生产的顺利运作，而且还经常亲自进行仔细检查，预防问题的发生。例如有一次，他急需几卡车的特殊材料，于是预先告诉一个主管工人，要不惜任何代价让火车按时抵达目的地。

"如果行车的火车司机拖延时间，必要时就给铁路主管打电话，跟他说清楚为什么这笔货得按时抵达目的地。"凯瑟尔说，"如果他不合作，马上告诉我，我去找他们的管理部门。"

能认识到合作伙伴可靠、值得信任的重要性，而且拒绝迁就，拒绝满足于任何不够完美的事物，这种人注定会成功。

作家艾尔波特·哈伯德非常重视一个人可靠与否，当费利克斯·舍艾到他这里求职时，他对舍艾进行了一次独特的测试。哈伯德让舍艾去马厩里面给马套上马鞍，并且牵马绕马厩走一百圈活动活动。听到这个要求，舍艾很疑惑，但是照办了。

然后哈伯德指示舍艾写一篇关于蜜蜂生活和习性的千字文章。舍艾这次没有丝毫质疑，又一次照办了。

结果，舍艾成为哈伯德最信任的合作伙伴之一，他一直伴其左右，直至哈伯德在泰坦尼克号沉船事件中不幸罹难。

没有任何东西能够替代可靠、信任的价值。

你注意到了吗？英文"可靠"一词的拼写中，"depend"（依靠）在前，"ability"（能力）在后。

许多管理者在选拔人才时依据的就是这两种品质，而且完全依照同样的顺序：先考察一个人的可靠程度，然后才是他的能力。

《成功无极限》，1967年7月，第33—34页

第8章

我们经常可以看到，对一个雇员给予持续的支持和教育，最终能培养出一个更强大、更值得信赖的人。但有些雇员像我种植的红锦带花，他们的成就只能昙花一现，却无法持久。

——戈登·J.H.纽曼

记住……习惯的养成需要行动上的一再重复。

——拿破仑·希尔

你曾经认真地思考过付出的本质吗？我是说，不期望得到同等回报的、发自内心地付出？这种付出随着岁月的流逝而逐渐演变成一种习惯时，它会外在地改变你的生活。锦上添花只是空洞的礼物。然而，从自己现有不足的份额中拿出来给予他人，这个礼物的意义就非同寻常。我这里谈论的不是什么金钱方面的礼物，而是你的心灵和情感方面的奉献。

想一想，你能把时间奉献给他人吗？我们每个人每一天的每一小时、每一分钟、每一秒都是一样的。有些人能够筹划好自己的时间，还可以挤出盈余的一部分时间来帮助他人。可是，大多数人放弃了为他人奉献自己时间的机会，他们借口说"等时间合适的时候"，或者"等我有时间的时候"，甚至"退休我就有时间了"，把满足这些条件作为奉献他人的标准。如果我们不从现在的岁月里抽出时间，来服务他人，那么我们什么回报也收获不到。凡事往后拖延的话，拖到最后就来不及了！

想一想，你能伸出援手，无私地帮助他人吗？有没有人请求你帮忙做过事？因为你有这方面基本的经验和技能，这项任务对你而言简直易如反掌。但是你觉得容易的，也许别人觉得很难。如果我们给他们演示怎么做，把自己的知识和经验都"馈赠"给那个人，那么我们不仅尽了自己的一份力，还传递了我们的知识。这种馈赠会给我们带来双重的奖励和回报。

想一想，你能改变自己的习惯，更多地为他人付出吗？拿破仑·希尔博士所谓的宇宙习惯力是宇宙的主宰者。当我们认可了这个法则，就知道在我们生活的微观世界里，养成什么样的习惯最终可以塑造出我们的终极命运。所以，培养习惯时，保持宽宏大量，大公无私的心态是很明智的做法。我们应该放宽胸襟、无私忘我，我们必须养成为他人付出的习惯，这样人类才能走向繁荣昌盛而不是萎靡衰亡。

福瑞里克·阿弥尔说过，"对于生活准则而言，习惯比格言更重要，因为习惯是已经得到证实的格言。换用一套新的格言来指导人的言行，不过像改变一本书的书名那样简单；但是改变一个人的习惯则会改变一个人的生活。生活中就是由形形色色的习惯交织而成的。"把这句话看作箴言吧，要想让自己的生活变得成功富有，那么从现在开始马上改变个人习惯，先把金钱的因素抛在一边不谈。把自己的时间、经验、知识、自我都无私地贡献出去，看看你的新习惯会产生什么样的积极改变。从前，你上下求索仍然一无所获；如今，幸福成功的大门将向你敞开！尝试一下，看看有什么美妙的结果！

宇宙的习惯力

拿破仑·希尔博士

这里有一个至为深刻的原则；实际上，它是所有自然现象表现的主要方式；它是推动各门科学坚定不移、持之以恒向前发展的力量；它是每一种生命体、每一物种得以适应环境、生生不息、世代繁衍的根本原因；它使人类形成固定思维习惯，并让人类接受习惯的奴役。

习惯的自发形成依赖三个潜在的基本原则，它们至关重要，所以要牢牢记住：

1. 可塑性，即改变或被改变的能力。它的另一层涵义是：一旦发生变化，那么确立的新形式将存续下去，直到后来被更新的变化所替代。换言之，可塑性就像学校孩子们用的橡皮泥一样灵活多变。橡皮泥可以捏成你想要的任何形状，而且可以保持；你不喜欢的时候还能再捏成别的形状。在所有的生物中，只有人类拥有这种可塑性和灵活性；而且人类的可塑性体现在他的思维官能上面。人类要么会受到外界因素或者环境的影响而发生改变；要么运用自己的坚强意志主动改变自己。显而易见，可塑性这种人类专享的特权是培养自主习惯的一个基本要件。

2. 频繁的重复。正如我们所知，重复是记忆之母，也是习惯之母。行为或思想的重复频率是影响习惯培养的一个因素。当然，也要因人、具体情况和时间状况而异。举个例子，一个人一天可以在头脑里把一个念头重复很多次，但是上班时却不可以，尽管他自己很想多次重复一个念头来培养某个习惯，但工作状况不允许心有旁骛。此外还有个人主动性的问题。有的人生性慵懒、漠不关心，而有的人雄心万丈、精力充沛。个人的主动性也会影响到行为或念头的重复次数，并继而决定了培养习惯所需时间的长短。

3. 印象的强烈程度。在习惯模式形成的过程中，这是另外一个变量。讲了这么多的原则，人们自始至终都在强调强烈的、压倒一切的动机和熊熊燃烧的内心渴望这些根本要素，道理何在？如果一个念头深深镌刻在你的脑海中，同时你的心中升腾着无限的激情和渴望，那么这个念头将使你心醉神迷，孜孜以求。这样一来，它对你产生的巨大冲击力将远远超过一个无甚意义的空洞愿望，虽然两者的措辞完全一样。正是因为这个原因，印象的强烈程度也可以决定习惯形成和习惯确立的速度快慢。

《积极心态成功学》，第507—508页

第9章

你有什么样的信念？如果生命是一辆汽车，那么你是开车的司机还是坐车的乘客？你头脑清醒还是在打盹？你会在路上疯狂地危险驾驶，甚至拿乘客的性命当儿戏吗？你有没有在路边停靠一下来确认方向？汽车还有油吗？你的心灵眼睛看到的东西，恰恰折射出你的信念。不管你认为自己是负责驾驶的司机，还是搭乘的乘客，只要记住一点：你都是对的！

——约翰·克瑞莫

我相信你一定听说过一句话："希望中诞生永恒"，但是你真的相信吗？多少次人们陷入绝望的谷底，他们心灰意冷，不再相信幻想和彩虹，不再抱着乐观的希望。当你郁郁寡欢，觉得自己一无是处；当你被别人视为生活的失意者，你还有什么期盼和向往？当希望已经逃之夭夭，还有什么能让你重拾信心与希望？

上个周六，我给一个国际教师机构做了一番讲话，题目是"回到基本点——保持积极心态"。听众们里面有将近一百位现任或者退休教师。在思考题目的时候，我决定回顾执教生涯中一些过去的片段，因为正是这些片段给了我坚持的决心和力量。我所说的珍贵片段跟终身职位或者高薪无关，也不是指得到别人良好的评价和奖励。这些片段之所以珍贵，是因为我触摸到一个学生的未来。

这些时刻并不是每小时或每天里面都会发生，但是它们真的发生时却可以帮助我重新定义自己的职业生涯，让我更专注于在未来给其他学生创造类似的机会。有一个情景我记得格外清楚。麦克是个尽人皆知的麻烦学生，来我的"要么好好学不然完蛋"暑期班学习前，两次都未能通过必需的初中水平英语测试。他的辅导员、前任老师还有很多人都告诉我说，麦克的问题很棘手。我决定接受挑战接下这份暑期工作。我和他在上课的时候学会了互相容忍。最后，麦克变成了我最好的学生之一，以高分通过了考试，不过这还不是故事的结尾。

一天，在学校的餐厅里排队打饭时，我跟一个助理谈到了麦克，我说不管别人怎么评价，麦克证明了自己是个非常有能力、擅长学习的学生，而且前程远大。等我走到收款员那里时，她看着我说了句"谢谢"。我问："为什么？我还没交钱呢。"她回答道："11年来，你是学校里第一个说我儿子好话的老师。"我吃了一惊，因为我不知道那是麦克的妈妈，同时也觉得心里很受触动，因为这个孩子竟然等了11年那么漫长的时间才得到来自老师的一句正面评价。试想：一个人事情做得好，难道不该得到别人的赞美吗？直到今天，我仍旧保留着麦克母亲第二天送给我的咖啡杯，上面印着一句积极的宣言："今天是个崭新的开始。"

今天，对某人热情洋溢地说一句积极的话吧，看看你的真诚和鼓励能够产生什么不同的结果。回到为人之道的根本上去——感谢他人的付出，而且用你的积极感染周遭的人。现在的不同将来必然产生非同凡响的效果！

拥有信念的方法

拿破仑·希尔博士

这里有个故事，让我们来讲给你听。一个人从洛杉矶开车前往帕姆斯普林，刚开始一路顺风，但后来车熄火了。他试着启动了好几次，可是一个气缸也没反应。因为他是个商人，而不是机修工，所以根本并不知道汽车的发动原理。他下了车，把引擎罩打开，全神贯注，专注而好奇地盯着映入眼帘的一排排让他搞不懂的机械部件。他为自己对机械的无知感到很生气，砰的一声合上车盖，锁上车，沿着高速公路走下去，他要去找一个修理厂。

他在炽热的沙漠阳光下面跋涉了将近三英里才满头大汗地走到了一家修理厂。机修工开车载着他回到那辆熄火的汽车旁。机修工打开引擎盖时，他很清楚该从哪里找毛病，他把汽化器一边的一个螺母拧开，拿出一个小小的过滤器，举起来朝着阳光看了看，然后对着它很快地吹气。甩了几下之后，又重新放回原位。再点火，引擎马上有了动静。机修工解释说，引擎的毛病就是那个小过滤器被积尘堵上了，结果造成汽油流动不畅。带着哲学家的口吻，机修工总结说，有时候人们的心灵"过滤器"也会被堵塞，结果慷慨的上帝在他四周堆满了祝福，而他们却视而不见。

这席话让商人陷入了沉思。他已经接受过实用信念的不少教育。突然他意识到，人生中之所以有那么多不如意，其实都是因为来自无穷智慧的生命能量流被切断了，结果生命能量无法流入人的心田。他比以往更清醒地明白：怀疑、恐惧和担忧堵住了人们心灵的"过滤器"，因此那些一直流淌在我们周围的灵感和能量被拒之门外，无法流入我们的生命中，而我们也丧失了生命的活力和灵感。

这个简单的故事让我们直面实用信念的问题。

　　我们感觉到自己担负责任之重大——我们要将一个切实可行的、有指导意义的技巧呈现在你的面前，让你掌握这个宇宙的力量。我们将尽我们所能告诉你什么是信念，并且解释其力量的源泉。把信念应用起来，你就能让信念在生活中绽放出奇效。等你理解了实用信念，那么朝着梦想的目标你又迈出了一大步。

《积极心态成功学》，第81—82页

第10章

在生活中我们常常忘记庆祝那些小小的成功，其实正是这些小小的成功奠定了未来伟大成就的基础。花时间浇灌你的梦想，每天跟它交谈，倾注你的心血。如果你忘记了滋润你的梦想，它们也会枯萎甚至死亡。至关重要的是，不管生活中发生什么，我们都应该明白：饱含着爱，生机和活力的话语可以产生非凡的力量。你说的每一句话，每个字都有影响力！

——洛丽塔·列文

春天来了。大地回暖，生命重新绽放，小草返青，天空湛蓝，花朵在萌芽，小鸟展翅飞翔，树木披上绿装。我写上面这句话是因为，人们总说上帝是个动词，他总在创造。我们目睹着天地造化的奇妙运作，对恢弘宇宙精细巧妙的鬼斧神工赞叹不已。当郁金香热情地盛开，第一只知更鸟在枝头欢快婉转地歌唱，人们怎么能够不为这宏伟庄严的气度折服，怎能不心怀敬畏！有时候，我们只需坐下来静静地欣赏。我热爱爱默生说过的一句话："花朵是大地绽放的笑靥。"经历过了无生机、阴冷黯淡的冬季，还有什么比明媚的春天更美妙？如果我们能够"看到"希望，我敢肯定希望一定就像中西部乡间的春天，到处挥洒着复活节彩蛋般绚丽斑斓的色彩。黄色，粉色，红色，绿色，甚至白色都会吸引你驻足细细欣赏它们的美，美妙无比！

假如我们能够吸纳春天复苏和新生的力量，假如仁慈上帝呈现的美妙绝伦的视觉盛宴能够滋润我们的心田，让我们感受到生命的喜悦和力量，这难道不是件美事吗？我觉得我们能做到。停下脚步观察周遭发生的事情，我们只能得出一个结论：既然无穷智慧愿意让大自然每年焕发一次青春，那么同样它也乐于为我们做同样的事，让我们每年在春天绽放出生命的新绿！因为春天，我们的步伐轻快活泼，我们的笑容欢畅，甚至有理由用崭新的心态迎接每一天。

我认为，我们可以采用一种新的做法来感谢萧瑟冬天的消逝，庆祝和煦春天的重生。脱掉厚重的冬衣，驱车在干燥的路面上自由自在地行驶，迈出踏实的步伐而不必担心在雪地或冰面上跌倒，所有这些释然让当下的季节轻松起来，我们似乎卸下了一个重负。为什么还要纠结于那些陈旧的思绪，令人疲惫的感情，还有长久以来烦扰你的感受？这里有个好办法——买些便宜的黑色气球，把它们吹起来，然后去户外放飞。跟那些束缚我们的消极事情告别，这样做能产生非常强的心理治疗效果。同样，假如你怀揣着美好的愿望，可以放飞金黄色的气球，让它们承载我们的梦想和渴望升腾到高高的天空。如果你不想放气球而想尝试更环保的方式，那么可以试着把积极和消极的想法都写到小纸条上，然后付之一炬，缕缕青烟就像你祈愿时燃起的一炷香。治疗的效果是一样的。或者你也可以从一元店里买上瓶肥皂泡去户外吹泡泡，让那些肥皂泡载着你的忧愁或是梦想，为你分忧或是为你祝福。

不管你决定采用什么样的仪式，一定要包含春天的祭典，因为它们是通往自我新生的必经之路。春季大扫除打扫的不仅仅是你的房间，还有你疲惫的心灵。

宇宙习惯力让习惯定型

拿破仑·希尔博士

"天空诉说神的荣耀，苍穹展示它的巧夺天工。"（圣歌

19，v.1）得到天启的赞美诗作者大卫吟唱道。确实，对宇宙习惯力的存在和力量，天空给出了最明显，也最令人敬畏的证明。

日月星辰的运转像钟表一样精确。它们从来不会相撞，从来不会脱离预定的轨道，而是遵照预先制定好的计划永恒地运转着，而无穷智慧就是背后的主宰。如果任何人怀疑无穷智慧的存在，那么他只需研究一下天上的星辰以及它们相互之间精确的关系，就会心悦诚服。

造物主另外一个伟大的创造就是人类的头脑，它能够预见未来，比实际发生提前很多年就准确预测出某一时刻天文事件的发生。

这背后一定有一个神圣秩序。自然和宇宙是有组织的，一切都井然有序。这个神圣秩序，或者称之为自然的可靠性规律将生命大大简化了。宇宙里所有的秩序和法则如何影响到我们的生活？没有必要理解。因为不管人类理解与否，知道与否，这些秩序和法则都一样地起作用。

但凡有秩序、有法则的地方，就可以预测出可能发生的行为和反作用力，这就是我们所谓的宇宙习惯力。宇宙习惯力法则将你和宇宙力量联系起来。在宇宙习惯力法则的作用下，地球绕轨道运转，并在时间和空间两个维度上和其他轨道上的星球联系起来；同样的法则也将人类按照其不同的本质属性相互联系起来。

时间，空间，能量，物质和智慧就是自然界用来创造万物的材料。

　　还有一个展示宇宙习惯力的神奇例子，就是一年的四个季节。我们从来不曾怀疑，春、夏、秋、冬总是按照固定顺序进行着季节的轮回；虽然四季并不一定那么鲜明，却总是寒来暑往、夏去秋来，年年如此，因为一切都在宇宙习惯法则的掌控和安排之中。

　　　　　　　　　　　　《积极心态成功学》，第489—490页

第11章

　　你的心态是积极还是消极，影响的不单单是自己。它还会影响到你的工作、主顾、客户、同事，以及你接触到的任何人。

　　　　　　　　　　　——麦克·默克基

　　语言反映我们个人身份的社会面。它们和我们的态度很吻合，并且给我们的渴望注入活力。假如我们能够彻底明白语言的机制，那么我们就能更快地实现自己的人生梦想。只要把心中的梦想说出来，那个近在咫尺的目标用不了多久就能变成现实。

　　拿破仑·希尔教育我们说，"……你头脑产生的每个念头都会折返回来，加倍地祝福你，或是诅咒你。"他告诫我们要小心自己的念头，确保自己有意识地只发送或者只接受积极的信息。当我们说出内心的渴望，这些想法被转化成了语言。消极、负面的想法，语言和行为有极强的感染力，会一点点地啃噬人的自信心。这些消极的念头会得寸进尺，就像我们刚刚允许一个搭便车的人坐进自己的车子，回头就发现他已经堂而皇之住进了家里面一样。而这一切的发生都是因为我们放松了警惕，让消极的思想侵入了我们的私人空间。不过，非常值得庆幸的是，情况反过来也是一样的。积极、美好的语言能催生良好的心态。比如，耶稣的话"看，我把一切东西都整饬一新了"，让众多丧失信心的人重拾信心与希望。

语言赋予我们一种控制力，在练习使用的时候要格外小心，多加思考。我们的意识使用语言来创造现实；而我们的潜意识则使用积极的宣言来增强我们的思想频率。把这两者结合起来，我们的潜意识就和清醒的头脑连接起来，和无穷智慧连接起来。这个思想的连续统一体蕴含着伟大的灵感以及落实到行动的可能——这两个因素共同激发出人的智慧行为，并且最终成就伟大的梦想。

想想你今天说过的话语，还有说话的语气。针对话语的研究表明，话语只是冰山一角，占整体意思的百分之七；而语调，身体语言才是隐藏在水面下的巨大冰山，占百分之九十三。很多时候，产生某个效果的并不仅仅是你说话的内容，还有说话的方式。保持积极的心态，学习根据具体情况来量身打造你的语言交流方式和非语言交流方式，这样你就能获得最大的回报。

说出去的话

拿破仑·希尔博士

相信语言的力量，任何和自己积极心态不和谐的话坚决不说！S.L.卡兹奥夫写的一篇文章能帮助你认识到话语的重要性：

人的口舌可以制造最大的伤害。重要的不是我们说话的内容，而是说话的方式和时间。

任你再机敏，也无法把自我从王座上拉下马。

用礼貌，情感和感激的尺度来衡量你的话语。

要让别人产生交谈的兴致，根本的一点是让别人觉得他很重要。此外用提问代替讲述。

我们的话说得越少，越不用担心祸从口出。大自然给人类一张嘴、两只耳朵，自有它的道理。一张口无遮拦的嘴巴只需一句无心的话就能破坏一辈子的幸福。

为了避免挑错和争执，你应该虚心听取别人的批评，承认自己的过失，并且毫不迟疑地说："对不起。"尽快平息争执。任何拖延只会适得其反，火上浇油。

最后，还可以参考下面成功交流的事项：

◆ 采取面对面的策略。

◆ 不要打断别人。

◆ 要认真负责。

◆ 调整你的声音。

◆ 不要翻旧账、旧事重提。

◆ 只有别人请求的时候才给出建议。

◆ 避免消极的比较。

◆ 看到你喜欢的东西要鼓掌喝彩；看到你不喜欢的东西要视而不见。

◆ 坚决不要因为无关紧要的小事争吵，因为就算你赢了也得不到什么便宜。

◆ 说话时谨慎小心，这样从不会因祸从口出而受到伤害。

《积极心态成功学》，第231—232页

第12章

在孩子们面前，我们的生活状态像一面镜子；如
果我们自己正直和诚实，那么镜子也会反射出来。

——厄内斯特·列帝

急躁不是一种美德。如果人们听任它左右自己的判断力，它
甚至会演变成一种恶习。长大成熟是需要时间的，而且大多数情
况下不可能一蹴而就。试图强行得到一个结果，无异于逼迫尚未
完全变形蝴蝶的蛹破茧而出。当蝴蝶仍在茧内生长着自己的羽
翼，等待突破束缚的时机时，你的强行介入将剥夺它发育成熟的
权利，违背大自然的神圣安排。

为什么当别人告诉我们"等等看"的时候，我们却总是按捺

不住急躁的情绪？原本我们应该简单地等待时间施展它神奇的魔法，但是我们却早早地做出了反应。当我们蓄势待发、试图操纵"想要的"结果，其愚蠢程度不亚于早早地扼杀蝴蝶的生命。只有经过时间的酝酿，事情才能瓜熟蒂落、水到渠成。大自然按照它的节奏按部就班，从容不迫地做着自己的事情，我们的内心世界也该如此。我们必须定下心来耐心地等候，真心地期盼自己积极的信念带来预期的结果，直到美梦成真。

有时候，看似成功的事情只是个幌子。一些人在即将撷取成功的果实时却被别人抢了先，那个强盗根本不值得艳羡和赞美，因为不劳而获地取得别人的成果不可能带来任何满足感。要判断一个人的可信程度时，一定要像拿破仑·希尔那样提出问题来发掘事实真相："你怎么知道的？"通过回答你就能辨清事实与谎言，分清假李鬼和真李逵。

抢夺他人正当财富的人是不义的。他们欺世盗名霸占得来的东西早晚会物归原主，正义重新得到伸张。有因必有果。善有善报，恶有恶报。感受内心宇宙智慧的制衡力量，你最终会明白：骗得了一时，骗不了一世；谁都无法自欺欺人。真理才是最后的赢家，所以追随宇宙真理的脚步，你就能在生活中享受到灿烂的阳光！

每一个行为自有回报

拿破仑·希尔博士

"每一个行为自有回报",这是爱默生曾经说过的话。我们一会儿再细细拜读他的作品。我敢肯定,你知道任何行为的回报并不一定都是"回报",假如行为不端的话也有可能得到惩罚。按照这里的意思,行为回报的不是你,而是行为本身,所以用这个词"回报"是恰当的。

也许你会说,这没什么,不过是老派的道德观罢了。确实如此。不过它对现在也有约束力。人类发明车轮时,这句话是成立的;也许将来人类发明出来什么技术在试管里面克隆人类的时候,这句话仍然成立。而且它的概念超越了道德的范畴。我已经给你证明过,在我生命中补偿法则是如何体现的,希望你能停下来好好想一想它对你产生的影响。你会看到,这些影响都是因果关系法则的体现。你做了一件事,于是"引发了一个行为";而千百年来人们也总是说,得先付出然后才有收获,这是个偶然吗?我们真心行善不图回报时,却总能获得回报,这也是个偶然吗?

当补偿法则带给我们一个好工作、金钱、一个实现自我的机会或是和终身伴侣邂逅的机遇时,我们能看到这个法则对我们的补偿;但是更多时候补偿法则依然在起作用,但我们却看不见。无声、无形的法则长久地影响着我们;有些对人类有益，有些有害。这本书讲到了补偿法则带给人类生活的实实在在的补偿，也提到它带给人类的看不见但更为普遍的好处。我会告诉你怎么用平和宁静的心态来赚钱致富；我也会告诉你如何选择友好但无形的力量而拒绝不友善的力量，如何把对你有利的力量拉入你的同盟阵营。

现在让我们捧起爱默生的书，倾听他的声音：

每一个行为都有两层意思，或者说融合了这两层意思：其一，从本质上讲，行为本身；其二，从表面上讲，客观的环境。人类总把自己所处的境况称为报应。按照人类的理解力，他们只能偶然地看到一个人因为某个行为而遭到报应的情形。其实这种报应和行为本来是割裂不开的，但是却需要耗费很长时间才能看出一个行为遭到报应的端倪。一报还一报，作恶之后报应自然会尾随而至。罪与罚本是同根生。惩罚其实是寻欢作乐之花偷偷结出的果实，在花朵的掩盖之下惩罚的果实也日渐成熟。因和果，手段和目的，种子和果实都是一体的，我们无法将它们割裂开来；因为因包裹着果的花蕾，手段中包含着目的，而种子里隐藏着来年的果实。

"在任何协议中，都有个第三方。"记住这句话！这位康科德的哲人继续道：

在愚蠢迷信的蛊惑下，人类终生忍受着这个念头的折磨：他们害怕自己上当受骗。但是让一个人上别人的当是不可能的，欺骗他的人只有他自己。在我们签订的任何协议中都有一个神圣的第三方。自然和万物之灵会担保履行每一个契约，所以你诚实的付出不会付之东流。如果你尽心服侍的主人忘恩负义，那么你更要加倍地付出。把上帝也记到账本上。每一次不幸的打击都将得到偿还。该偿还的拖欠越久，对你越有利；因为霸占你的资源越久，需要支付给你的复利利息越高。终有一日，你的善行将为你带来福报！

《用平和的心态致富》，拜伦坦图书，1967年，第143—144页

第13章

直到我上了医学院，在两个导师的推荐下我才接触到《思考致富》这本书的理念。在书中，我已经使用的许多原则得到了证实，而且我还发现了更多的原则。

——丹尼尔·威廉姆斯，M.D.

直觉在你的生活中扮演多么重要的角色？当你觉察到一件事正在生活中酝酿成形，对这种领悟你会置之不理还是小心留意？生活中的事件在发生之前通常都有迹象，假如我们把这些迹象都记录下来，那么等到事情真的发生时，我们就不会大惊小怪了。举个例子，在一件事情发生前，也许你会体验到一种期盼、预感，或者躁动不安的感觉。这时候，要么你认可这种感觉的存在并等待最后结果的揭晓；要么把它视为迷信一笑置之——宇宙怎么可能用这种方式提前跟你通风报信呢。但是，在你的头脑深处，仍旧有个弱小的声音在提醒你：要注意，要仔细听。一个人怎么样才能确认这个讯息不是虚幻，而是千真万确的事实？

对于这种先知先觉，我使用的技巧是记录。只要我感到有什么事情在试图吸引我的注意：头脑中的灵光闪现，梦中的提醒，或者有意义的身体信号，我就会把日期和事情记录下来，甚至做个备注，解释这件事此时此刻对我的潜在意义。几周或者一个月后，我会回过头来重新翻看我的记录。这个时候就很容易看清楚到底事情是按照当初的预想发展，还是我的想像力在作祟。这两种情形都可能发生。为了区分两者之间的差别，应该把发生在自己身上的事情都记录下来，这样就可以建立一个可靠的参照模式，进而证明或者反驳这种直觉的观察力。

为什么不现在开始做日志，记录下宇宙送给你的惊喜，或者上苍对你的格外眷顾？要留意日常生活中的这些不速之客，也许那个无形的神圣向导正现身十字路口给你指点迷津。只要你能够驻足留神倾听，思考他们轻声细语发送给你的讯息，他们的话语就会对你的生活产生极大的震撼。当你仔细倾听，调整好自己的"接收频率"，你就会发现，自己和宇宙智慧竟然可以完美地协调一致！

这些话到底有什么意义？它意味着，你应该走上前来留神倾听，因为那些讯息可以震撼你的生命！拿破仑·希尔说，当一个思想从宇宙天外飞入你的脑海，不要争执，不要犹疑，不要抱怨！马上行动起来，既然你的意识能够感知到，那么就欣然收下这份礼物吧。不要拖延到明天或是将来，现在就行动！这个想法可能正是那把打开成功之门的钥匙。

无形的向导

拿破仑·希尔博士

我历经一次又一次的失败，每次失败过后都要努力克制着抛弃生命中重大使命的冲动。后来我逐渐意识到：就在我重新步入正轨、继续完成未竟使命的那一刻，失败曾经带来的沮丧、消沉竟然一扫而光。这种情形发生得如此频繁，简直不可能简单地用巧合来解释。

从我的个人经历中，我认识到每个人都有自己的向导，只要你能够认出来他们，而且接受他们的帮助和指引。为了得到这些无形向导的帮助，首先必须注意两件事：其一，对于他们的帮助一定要心怀感激；其二，必须不折不扣地追随他们的引导。这两方面的任何疏忽大意虽然不会马上招致灾难的来临，也必将带来不可避免的灾难。也许这就可以解释为什么有些人不知为何却遭遇不幸，而有些人即便认为不是自己的过错也在劫难逃。

很多年来，我虽然感觉到无形向导的存在，但是我很小心地避免在书稿中以及公共演讲中提及。后来，有一天和著名科学家和发明家艾莫·盖茨谈话时，我得知他不仅发现了那个无形向导的存在，而且与他们结成了工作联盟，因此他的发明日臻完善，并取得了比托马斯·A.爱迪生还要多的专利。

从那天起，在组建起来的成功学团体中，我开始探究跟我有合作关系的好几百位成功人士的故事，结果发现他们每一位都从未知力量那里获得过指导，尽管很多人并不情愿承认这一点。跟那些取得杰出成就的成功人士打交道的经验告诉我，他们宁愿把成功归结为自身的优势。

托马斯·A.爱迪生，亨利·福特，路德·波班克，安德鲁·卡内基，艾莫·R.盖茨，还有亚历山大·格拉汉姆·贝尔，对无形力量都做出了非常详尽的描写，但是有些人并不把这些无形的外部援力称为"向导"，尤其是贝尔博士。他相信，个人心中燃烧着实现明确目标的渴望，在这种欲望的激励下个人智慧直接接触到了无穷智慧，因此产生了所谓的无形力量。

在无形力量的指引下，玛丽·居里夫人揭示出镭元素的秘密以及供应来源，尽管她先前并不知道该从何处着手才能找到镭，也根本不知道镭是什么模样。

托马斯·A.爱迪生在发明领域的研究工作充分利用了无形力量，他对无形力量的性质和来源有一套有趣的见解。他相信，任何时间任何人头脑中释放的所有思想都被宇宙接收，而且成为大气的一部分，这些思想在大气中永远存在，有了明确的目标，任何人都可以调整自己的接受频率（通过控制自己的思想）来接触、接收到大气中别人先前释放出来的思想。举个例子，爱迪生先生发现，只要将思想专注于他希望实现的念头，他就能"调整到那个频率"，并且从无穷尽的大气思想库中接收到跟那个念头有关的，前人在同一领域贡献出的想法。

爱迪生先生提醒我们注意一个事实：水在河流和小溪中流淌，为人类提供了种种的便利，最后流入发源地——大海，在那里成为整个水体的一部分，被净化，重新开始新一轮的旅程。此消彼长中，水的总量并没有减少或增加，这个比喻同样地可以运用在思想的能量上。

爱迪生先生相信，无穷智慧中投射到我们头脑中，让我们思考；这种智慧经过人脑后被细化变为形形色色的思想和概念，思想被释放出去后又返回到无穷智慧中，就像所有的水又流回海洋一样，所有的思想都回到那个能量库，在那里被归档、分类，这样所有相关的思想被归拢整理在一起。

《你可以创造你的奇迹》，佛赛特·克朗拜恩，

1971年，第45—47页

第14章

拿破仑·希尔说："每一个不幸，每一次失败，每一次挫折里面都埋藏着一颗同等大小的幸运的种子。"他是对的。因为其他疾病的并发症，整整13年都没有查出来我患了忧郁症。虽说不幸，但是我相信那段岁月却塑造出现在的我。在过去的那段时间里，大多数情况下我都能够想出办法应对出现的各种状况。

——罗德尔·福克纳

有时候，很多人会经历心情抑郁的时刻。一个人在生活中出现消沉的情绪，原因多种多样，通常这些原因直接或间接和拿破仑·希尔在著作中提到的七种恐惧有关。这些恐惧是：害怕贫穷，指责，疾病，失去爱，衰老，失去自由以及死亡。这七种恐惧的"幽灵"把我们丢弃到消极心态的阴影里面，让我们产生无谓的担心和害怕。每当我们因为种种原因担忧害怕时，很难打消心头的恐惧和焦虑。我们应该搞清楚让人害怕的原因所在，这样就可以将自己武装起来，防御这些恐惧可能带给人的多重打击。

希尔博士说，"寻求成功的人必须朝着目标迈出第一步，强迫自己控制内心的恐惧。"

在死亡和濒死研究中，伊丽莎白·库伯勒·罗丝说，人在濒临死亡时会经历五个阶段：否定，生气，讨价还价，消沉和接受。对于一个专心对抗恐惧情绪的人，他也会经历一个类似的变化过程。人们必须经历一个渐进的过程才能改变恐惧，知道了这一点，整个过程经历的时候就容易得多，人们也能以平和的心态接受。积极的心态让我们每个人相信"我能"，甚至在面对恐惧的时候也不轻言放弃。这就是正确的心态，无论什么情况下都不应改变。

我喜欢这么提醒我的学生：每当意气消沉的时候应该看作好事，因为"消沉"后面就到了最后一步"接受"。一旦人经历了从拒绝到接受这个心态转变的过程，那么他就完成了这个循环，心态顺利过渡到接受，他从中汲取了教训，内心不再有挣扎，一切担忧恐惧也不复存在。

想一想你正在经历的某一个变化。判断自己现在处于哪个阶段，并且预测一下在变化结束之前，你应该何去何从。这样，在黑暗隧道的尽头你将看到希望的曙光！

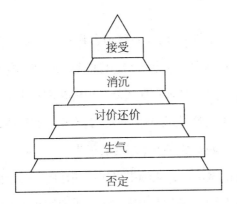

引自：伊丽莎白·库伯勒·罗丝对濒临死亡的阶段分类

真正驾驭你的大脑

拿破仑·希尔博士

记住：不管你害怕的东西是贫穷，疾病，指责还是失去爱，它都会像条宠物狗一样跟着你，你的思想逗留在什么念头上面，跟那个念头对应的客观现实就会出现在你的生命中。绝大多数人终其一生头脑里想的都是些他们不想要的东西，而生活中他们得到的偏偏就是这些不想要的东西。

因此，最好的做法是，头脑中只想那些你向往的，而不去想那些不想要的东西。整个人生旅途中最重要的头等大事就是掌握这门艺术——让头脑专注于你真正渴望的事情，条件和人生境遇。这就是实用信念在生活中的伟大体现。只要你的头脑有坚定不移的目标，你就具备了信念的基本条件；而一旦有了信念，你就可以借助无穷智慧无尽资源的神奇力量帮助你达成自己的目标。

你是否曾经想知道，为什么有时候祈祷得不到回应？你有没有想过，也许问题是自己的祈祷方式不对？祈祷总会应验的，但是并不一定按照你期望的方式应验。当你已经到了山穷水尽的地步，双手合十开始祈祷、做最后的努力，可是心里面却对祈祷能否应验将信将疑，那么你肯定得不到自己期望的结果。因为消极的心态在你心中占据了主导地位，甚至连你自己都已经认定无穷智慧不会给你肯定的回答。

对于你已经拥有的幸运和福气心存感激，这是一门艺术，是发自内心的深切崇拜，是庄重虔诚的祈祷。

可以说，如果事先调整好自己的心态，生活中几乎没有什么事或者目标是不能实现的。一切都取决于你如何驾驭自己的头脑。

人类是地球上其他生物的主宰，这一点是大家公认不变的事实。环顾四周，我们可以看到，鹰击长空，鱼翔浅底，万类霜天竞自由，在造物主的安排下，万物各得其所；难道人类不应该得到上苍同样的庇佑？

你应该主宰自己的头脑，运用自己的头脑，这样你就能够堂堂正正地得到属于你的东西！你拥有这个特权，无需向任何人祈求，因为它就是你的！……你的头脑将帮助你获得这一生的自由，自立，健康，爱和物质财富的极大富足，而运用头脑的方法则包含在积极心态成功学的课程里面。这种成功哲学的目标就是告诉你该如何主宰自己的头脑，怎样用你的头脑巧妙地成就你的梦想。

《积极心态成功学》，第103—104页

第15章

担忧最消耗能量。它就像未能被利用的风能一样，白白浪费掉了。但是从另一方面看，让我们的头脑处在积极乐观的状态，就像在印第安纳州乡间搭起风车捕获风能发电一样，能够为千万家庭带去光明。

——乌列·"奇诺"·马蒂耐兹

拿破仑·希尔说过："凡是头脑能够想象的，凡是头脑相信的，它都能变成现实。"信念至上！如果你能"看到"一个梦想，你就能"成为"梦想的那个模样。我们的潜意识无法将一个真实的事件和头脑中活灵活现的想象区分开来，正因为如此，我们的整体表现可以大大提高。只要我们能够善加利用我们的想象，只要有清晰明确的目标，任何事情都可以像做白日梦这么简单。练习想象时可以尝试下面的一些步骤：

◆ 给自己一个"喘息的间歇"，用最适合自己的方式放松。同时保持头脑的机警，集中注意力，摒弃一切担忧和顾虑。

◆ 在你的想象中，你看到了向往的东西；在一帧帧生动的"成功情景故事模板"上，你看到自己走向成功的一个个过程。

◆ 借用你的感官，给你头脑中的电影情节添加些激情和能量。添加些插图般的景象，用你的视觉、听觉、味觉、嗅觉和触觉来感知你的目标。就像给图片着色一样，你也可以给你的成功景象涂些浓烈鲜艳的"色彩"。

◆ 一遍遍地练习，专注于你想要实现的一个场景。不要淡化这个头脑想象出来的场景，因为这样可能剥夺自己实现目标的机会。把焦点对准一个成就，就是成功的关键。

◆ 回到当下，告诉自己说，现在头脑中的这个想象是真实的。你就是自己想象出来的成功场面中的优胜者，一切都是真实的。

◆　回到清醒的状态中，提醒自己每天多练习几次来强化这个目标——想象这个目标，相信自己实现了目标，最后美梦成真！

当你将自己的目标内化于心，而且在脑海中想象自己实现了这个目标时，你开始用外部的行动来构造脑海中的景象，践行你的目标。一旦有了行动，自然水到渠成。首先要明确目标，然后抱着既定的目标，用行动贯彻始终。这是个因果世界，只要把思想落实到行动上，很快就能有所斩获！

信念能够成就的，有没有极限？

拿破仑·希尔博士

潜意识是藏在你心里面的老板，对你的意识发号施令。但是阅读本书后你一定知道，这个老板与众不同。它会跟你协商，如果情况需要，还会考虑更改甚至取消任何既定的命令，甚至改弦易辙。

确定好信念后，把它深深地植入你的潜意识，然后你的潜意识会要求你的意识去履行那个信念，把它变为现实。

相信你能够有所成就吧，当你的信念把成就的概念囊括进来，你的潜意识会想方设法实现那个成就，而光靠美好的愿望是无法实现的。也许，你说自己可以靠"好运气"和"转机"有所成就，但是，你的"好运气"却无法满足这么多成功的条件：具备敏锐的感官；对自己的目标心无旁骛，全力以赴；拥有坚定的意志，足智多谋；还要懂得善用别人的头脑和智慧，不然孤立无援的你根本无法得到别人的帮助！信念力量之强大，远非人类的语言可以描述！只要感受一下信念对你的激励和鼓舞力量，你就知道，坚定的信念势不可挡！

信念能够成就的，有没有极限？假如有极限，也不曾有人看见过。我经常提到，我们可以时不时地利用那种超越普通感官之上的力量（不是超自然力，而是我们刚开始有所认识的自然力）。潜意识深处的信念可以伸出援助之手，帮助我们赢得无形力量的协助。

我还是小孩子的时候曾得过伤寒，那是我患过的最严重疾病。我病了几个星期仍旧没有一点好转的迹象。我父亲几年后才告诉我说，当时我陷入了昏迷。两个来农场出诊的医生告诉我父亲，他们已经无能为力；我只能再活几个钟头的时间。

我父亲走进了森林。在那里他跪倒在地，向另一个医生——地位远远高于凡夫俗子之上——虔诚祈祷。随着他的祈祷，他产生了一个强大的、压倒一切的信念：我会康复。他又跪了个把钟头，最后内心被无比的平和安详笼罩了……头脑中的信念给他的心灵带来平和与宁静。就这么毫无来由地，他深信我会安然无恙地挺过来。

我不知道，上帝是否真的听到了父亲的祈祷，更不知道是否他的虔诚祈祷带来了潜意识深处的信念。但是，我确实记得，他回家后看见我坐了起来，而一两个小时之前我却病入膏肓。我坐起身，哭着要水喝。后来照我们的老话说，伤寒就这么被"击破"了。

《用平和的心态致富》，佛赛特·克莱斯特，

1967年，第179—180页

第16章

积极而富有创造性的思想引发行动以及最终的觉悟，但是真正伟大的力量来源于思想而不是行动。一定要牢记："凡是人类头脑能够构想出来的，就能变为现实。"

——克劳德·布里斯托

保持身体健康是一个不容忽视的成功法则。如果一个人不能依照健康的生活方式生活，早晚身体会生病。饮食，锻炼，冥想，治疗乃至心灵——不管健康的哪一方面"超出了限度"，都会导致失衡的状态，从而引发疾病。无论做什么都不过分，这条忠言不但适用于那些经济拮据无法获得额外享受的人，而且适用于所有希望维持良好生活方式的人。再好的东西，过分了也不行！

要培养良好的生活方式，首先应该认识到什么是维持健康的要素。在他的实用建议中，拿破仑·希尔"想象"有八位王子负责照看人们的健康。按照他的期望，这些王子代表人们履行每天的职责，监督他们的整体健康状况。希尔博士让他们负责警卫工作，保卫他的生活方式远离那些疾病携带者的威胁。因为他们尽心尽力地履行了自己的职责，希尔博士每天夜晚对每一位王子表示感谢，感谢他们在白天圆满完成了健康使命。这就是健康监督的整个循环过程。

实际上，希尔的这种做法可以理解为：通过默念一些健康、幸福之类积极的话语来影响潜意识。小孩子会假想一个朋友来抚慰自己，而这八位王子的存在也是有理由的。希尔用这种新颖的方式和想象者本人互动。我们关注自己健康状况的同时，也提醒自己的潜意识：我们需要健康。斯通的颂歌"我觉得身体很健康，我觉得幸福，我感觉棒极了！"之所以奏效就是因为同样的原因。白天安排八位王子各司其职，守护你的健康；晚上来临时感谢他们守卫你最珍贵的财产，守护你的健康财富——这就是一个良好的开端！学着用具体的名字称呼他们，而且记住：感恩的心总能产生奇迹！让我们为你的健康祈福吧！

八位王子

拿破仑·希尔博士

如果愿意，你也可以用别的名字来称呼这些王子们，比如导师，原则，顾问，或者是心灵的卫士。

不管什么名字，王子们一样忠心耿耿地为我服务。

每天晚上，一天的活动到了尾声的时候，我和王子们召开一个圆桌会议。会议的主要目的是借机对他们白天的服务表示感激，并强化我的感激之情。

与会时，想象那些王子们真的坐在会议桌旁。这是进行冥想、回顾和感恩的时候，我们需要借助于想象的力量。

这里，你将首次接受能力测试，考察你能否主宰自己的头脑，准备迎接财富的光临。当你经受挫折的打击时，要记住摩斯、马科尼、爱迪生以及怀特兄弟的遭遇。虽然他们做出了伟大的新发明、造福于人类，但是他们的发明刚刚面世时却经历了种种挫折。他们的经历能激发你的勇气，让你顶住外界的冲击和压力，在逆境中傲然挺立。

现在我们跟王子们的会议开始了：

感 激

今天是美丽的一天。

它让我拥有健康的身体和心灵。

它给我食物果腹，给我衣服遮体、御寒。

它给了我宝贵的一天时间，让我有机会服务于他人。

它给了我平和的心灵，让我不再感到恐惧和害怕。

因为得到这些祝福，我的王子向导们，我对你们心怀感激。我感激你们，因为你们齐心协力解开了往昔生活套在我身上的枷锁，从而解放了我的思想、肉体和心灵，我再也不必为那些恐惧和是非而劳神。

掌管物质财富的王子，我感激你。因为你将我的思想和财富的意识一致起来，从而脱离了对贫穷、匮乏的恐惧。

掌管身体健康的王子，我感激你。因为你将我的思想与健康的意识一致起来，我身体的每一个细胞，每一个器官可以得到宇宙能量源源不断的供应，再无匮乏之忧；同时，因为你的帮助，我能够直接接触无穷智慧，可以从这个无穷的能量宝库中随时获取需要的能量。

掌管心灵平和的王子，我感激你。因为你，我的思想摆脱了一切禁锢和自己强加到自己身上的限制，因此我的身体和头脑得到彻底的放松。

掌管希望的王子，我感激你。因为你帮助我实现了今天的梦想和渴望，而且你承诺兑现我明天的理想。

掌管信念的王子，我感激你。因为你为我的心灵指点迷津；因为你激励我做正确的事，而且坚决抵制那些有害的行为。你赋予了我力量，让我的思想变得强大；你赋予了我动力，让我的行为充满活力；你赋予了我智慧，让我理解了自然法则的奥妙；你赋予了我判断力，让我能够协调自己的行为，从容地适应生存法则。

掌管爱的王子，我感激你。因为你鼓励我把自己的财富拿出来跟他人分享；因为你证明：只有付出才是真正的拥有。我感激你，因为你在我的心中播下爱的种子，使我的生活甜美，人际关系和谐。

掌管浪漫的王子，我感谢你。因为你唤醒了我青春的心灵，不管岁月几何，我依然年轻！

掌管无穷智慧的王子，我永远感激你。因为你把我过去所有的失意、挫败、错误的判断和行为，所有的恐惧、失望和挫折都转化为一份份不朽的无价资产；同时，因为我有能力而且愿意鼓励他人主宰自己的大脑、使用思想的力量来获得人生的财富，我更享受到了上苍对我的厚待——当我把幸福分享给他人、而他们又为更多的人带来福祉的时候，我也得到了上苍更多的眷顾。

掌管无穷智慧的王子，我还要感激你的是，你在我的面前揭示出一条真理——人类经历的事情并不一定是挫折和不幸；所有的经历也能转变成有利的条件；唯一在我掌控之中的是思想的力量；这种思想的力量随时随地可以给我们带来幸福；而且它有无尽的潜力，除非我自己在头脑中强行给自己套上枷锁。

我最伟大的资产就在于认识到这八位王子的存在，而且他们影响了我的头脑，让我打开了人生十二大财富的大门。这实在是人生的一大幸事。

《打开财富之门的万能钥匙》，佛赛特·克莱斯特，
1965年，第27—29页

第17章

> 我有幸接受了拿破仑·希尔博士十七项成功法则的熏陶，而且试着将这种成功哲学运用到我日常生活的每一天。过去的十年是我一生中最富有的阶段。
>
> ——克丽丝蒂安·齐亚

在过去的一周里，我一直在研究使用精油的好处，探索走迷宫的精神乐趣，在小提琴和迪吉里杜管（澳洲土著人的乐器）乐曲的伴奏下冥想，领悟信念和希望在心灵康复过程中扮演的重要角色；我再次回想起那种说法——因为我们的选择才制造出当下的生活。令人惊讶的是，我最后得出这样的结论：今天我过的生活正是从前有意识选择的结果。假如世上真的有神灯，那么这盏神灯其实就是取舍的力量。形象地说，当我们"划亮"自己的心灵之灯（产生一个意识），许下一个愿望（做出一个决定），那么最终取舍的结果就会呈现在你的面前。

生活中，我们会同时得到许多机会。我们选择的行为要么给我们带来回报，要么带来惩罚。决定取舍的时候，也许我们应该专门想想可能产生的后果，而不是着急地把事情做完。未来的结果其实受到现在决定的影响，如果我们能够提前想象未来，那么既能促进积极结果的产生，又可以推迟消极结果的出现。借助于这种对结果的预想（"快进"），我们可以预见到结果的模样，并且做出取舍。

"如果你总是做跟过去一样的事，那么你得到的结果也跟过去一样！"这句话发人深省。如果你的决定没有产生预期的效果，那么就要改变你的决定。接受别人的邀请，走出自己的安逸窝，多些进取心，一改平常的作风，必能收到非同一般的效果。在你觉得不想干的时候偏偏要说"好"；想回绝别人邀请的时候偏偏学着接受；想紧锁心扉的时候偏偏逼自己开放心灵；多为别人付出，而不是等着别人效劳。

老天最容不得两件事：闭关自守和懒惰。如果你总是封闭自我，或者懒散无所作为，那么你必将为此付出代价。不要被动地等待命运的摆弄，不要让你的生活充满空虚，或者驻足不前、无所作为。相反，你应该保持警觉，接受来自生活的挑战。也许就在拐角处，有一个挫折等着给你迎头一击，但是在挫折的身后隐藏的却是丰厚的回报。一定要善用取舍的力量做好选择，它是你最强大的盟友！

如何树立一个确定的目标

拿破仑·希尔博士

树立确定目标的过程虽然简单浅显，但是至关重要。具体来说：

1.把你的人生主要梦想完整、清楚、明确地写到纸上，签上你的名字，牢记在心上。然后每天至少口头重复一次，可能的话次数越多越好。一次又一次的重复后，你的目标将在无穷智慧中一遍遍地播放。

2.制定一个清晰、明确的计划，一步步地向确定的人生目标迈进。计划里面要说明实现计划所需的最长时间限度，并且明确一点：为了实现目标，你计划付出什么样的努力；同时要记住：世上没有不劳而获这种事，每个东西都有代价；要得到什么，你首先必须付出这样或那样的努力。

3.计划要灵活，必要时随时根据情况做出调整。记住，无穷智慧的运作渗透到物质的每个原子，每个生命体和无生命的物体中，也许有一天它会将一个更高超的计划呈现在你面前。因此，当一个完美的计划闪现在头脑中时，你应该随时做好准备——能够辨认出来并且接纳这个计划。

4.除非智囊团提出额外的要求，否则你应该对目标以及实现目标的计划守口如瓶。

不要因为你不理解这些要求就认为它们不合理，这么想是错误的。一定要严格按照要求做；怀抱着积极的信念履行这些指令。记住：那些伟大的民族领袖都是这么走过来的，你只需追随他们的脚步。

这些指令要求你付出的努力，你可以很容易办到。

它们对时间或能力的要求，你也都能够达到。

它们跟所有真正的宗教理念完全一致。

现在就拿定主意，你渴望从生活中获得什么，你应该付出什么努力来获得。想清楚前进的方向，还有怎么样才能抵达目的地。然后，从现在的起点开始出发，向你的目标迈进。调动你手头现有的任何资源，努力实现你的梦想。接着你会发现，使用这些方法的时候，会有更好的办法应运而生。

所有被世人公认的成功人士，他们的经历莫不如此。他们大多出身贫寒，白手起家，除了满腔追求目标的炽热激情和渴望，别的一无所有。

对梦想的渴望中，埋藏着永恒的神奇魔法！

《打开财富之门的万能钥匙》，佛赛特·克莱斯特，

1965年，第41—42页

第18章

> 希尔博士提出的理念和我非常合拍——目标，激情，热切，信念——还有"令人愉悦的个性"。要和别人建立起来良好的交往，我们应该微笑，向他人的情感和思想敞开心灵；关心他人，倾听他人的需求；保持放松和灵活的姿态；敞开心扉接纳周围的人；开放心灵，让他人自在地和你分享。
>
> ——丽塔·戈登·吉尔曼

对很多人而言，希尔博士的成功理念中最难理解的一个概念是补偿法则。在无私付出法则的学习中，我们得知，为了实现生活中的确定目标，为了让我们的努力取得进展，我们先得付出，然后才能获得。可学生们经常说，这根本不可能，既然他们没有发什么横财，根本没什么可以付出的。当我把补偿法则这个理念告诉给大家时，大多数学生都一边摇头，嘴里一边再三重复着"不可能"三个字。让我们再好好端详一下这个"不可能"。

每当别人给希尔博士寄来字典作为礼物，他会马上行动起来，拿出笔把"不可能"这个词从字典里划掉，这一举动象征性地表明：这个词在一个人的成功学词汇中、在字典中是不存在的。好好想一想：假如我们拱手让出控制权、让"不可能"一词操纵我们的生活，像被施了魔咒一样相信自己不可能做到，甘愿成为"不可能"的手下败将，那么我们怎么能跟成功、财富结缘呢？现在回到补偿法则的话题上。

圣弗朗西斯说过，舍就是得；原谅别人就是宽恕自己。注意一下顺序：首先我们得付出、舍得，然后才能获得。即便我们得到的不是金钱上的利益也无妨。金钱总是被视为唯一有价值的礼物，但是这种看法是错误的。对我们而言最珍贵的礼物应该是时间，而不是金钱或财产。诚然，时间和金钱都非常宝贵，但是"千金难买寸光阴"——世上再多的金钱也无法换来时间。

所以，当你按照《思考致富》列出的六个步骤完成致富计划，而且声明：为了得到你追求的财富，你愿意先付出时，要记住补偿法则和"不可能"这个词。如果你发自内心地渴求，让胸中燃烧起渴望财富的熊熊烈火，那么没有什么愿望是实现不了的。一旦你真心相信自己能够实现梦想，你的头脑就可以跨越那些成功的障碍，将梦想准时交付到你的手中。但是，为了推动这个过程，你必须先付出你的时间、才智还有金钱。先不要伸手索取各种各样的好处，因为这样会打破整个财富的循环过程。这个道理就像孩子们摇呼啦圈一样，不先给一把外力，呼啦圈根本没法绕着腰部旋转。因此，为了实现确定的人生目标，你必须先付出努力，创造出推动财富循环的动能，只有这样才能收获财富人生。

天壤之别

拿破仑·希尔博士

有一个故事是关于无私付出的，安德鲁·卡内基很喜欢讲给别人听。"几年前，"他说，"一个警察在自己的巡逻区里面巡逻的时候发现，一家小机器加工车间很晚的时候还点着灯，可是他知道这个时候并不是正常的营业时间。因为觉得可疑，他给店主打了电话。店主火速赶来，打开了门，跟警察一起小心翼翼地悄悄进了车间。"

"他们走到那间亮灯的小车间时，店主探头往里面看。出乎意料的是，他看到的是手下的一个雇员在机器边工作。那个年轻人解释说，自己经常晚上来店里学习怎么操作机器，以便成为老板的得力助手。"

"报纸报道了这个故事，我碰巧看到了。那篇报道读起来这件事好像是跟店主老板开的一个玩笑而已。我联系上这个年轻人，以高出一倍的工资雇用了他。如今他是我们公司负责最重要设备操作的一个主管，工资是当初机器加工车间的四倍。如果他一如既往地保持这种良好的心态，总有一天他会当上最高级主管——只要他不单枪匹马地重新另立门户。"

"对于那些多花工夫为他人提供更好服务的人，他们绝对势不可挡。这些人会轻松地在自己的行业中独占鳌头，就像浮子总是浮在水面一样，谁也无法阻挡他们出人头地。"

这样的故事不用添枝加叶，因为任何华丽的辞藻都是不必要的，就像给百合镀金一样毫无意义。如果你准备揭开成功的真正秘密，那么在这门课程的学习中，不定什么时候你就会找到答案。你将领悟这些原则的重要意义，然后踏上那条通往人生梦想的成功之路。

《积极心态成功学》，第139—140页

第19章

　　毋庸置疑，经济萧条已经冲击到了这个国家各个产业的方方面面。尤其备受打击的是旅游业和会议带起的接待业。

——罗宾·鲍威尔

　　这个星期，我非常荣幸地和我的执行助手前往密苏里州的帕里斯镇，跟该镇的负责人还有其他应邀人士讨论拿破仑·希尔1952年在该地所做的六个系列演讲的内容。当我们浏览该镇报纸《呼吁》的报刊档案的时候，站在拿破仑·希尔曾经下榻住所门外的那一刻对我而言简直是个跨越时空之旅。同时，我们所有的人都不禁好奇：会不会某个地方的某个人仍旧保留着那个1953年制作的名为《帕里斯的新声音》的电影胶片？

希尔博士为期六周的访问是为了开创一个集结商人和其他各界人士的成功俱乐部，让参与者探讨成功的十七项原则，并且记录下来自己的生活因而改善的证据。符合条件的成员集合起来听晚课，并且接受希尔博士本人的亲自指导。帕里斯镇从未忘记希尔博士的来访，而且时至今日他们仍在关心着那个电影胶片的下落，因为里面记录了采访这些会员的场面，让他们谈论一年后成功哲学对他们生活的冲击和影响。我向他们承诺，帮助他们揭开胶片的谜底，而且我很愿意把话带给我们庞大的读者群，请他们协助找到这个失踪胶片副本的下落——拿破仑·希尔的追随者们只要全力以赴，没有他们实现不了的任务。

根据拿破仑希尔基金会的电影制作人以及后来的执行理事麦克·里特的陈述，胶片是厄尔·南丁格尔讲解的，而且获得了版权。这条信息在里特和科尔克·兰德斯所著的希尔人物传记《财富人生》中有述。这些都是有用的事实，而今居住在密苏里州帕里斯镇的九千居民很愿意再看到这部电影，并把它存放在他们的历史博物馆里。

如果你有关于这部电影胶片的消息，请发邮件至nhf@purduecal.edu。让我们拭目以待，看看宇宙智慧能否协同一致，帮助我们找到这个电影的副本。幸运的话，在八月弗吉尼亚开会的时候，我就可以一边给与会的城市规划者们展示十七项成功原则，一边把电影的副本播放给他们看，从而激励、鼓舞他们重新振兴经济以及严重受创的专业领域。

最伟大的力量是"无形的"

拿破仑·希尔博士

大萧条将这个世界推到了边缘地带——让你理解那个无形的，不可感知的，不可见的力量。光阴荏苒，但人类仍旧严重依赖自己身体的感官，人类的知识也仍旧局限于那些物质的东西——能够看见、触摸、称重和测量的东西。

我们还没有进入一个最伟大最辉煌的时代，因而我们无法领会周围世界的无形力量。也许，随着这个时代的进步，我们可以认识到：比起那个镜子里面看到的拥有物质身体的自己，"另一个自己"更强大。

有时候，人类赞美无形、不可感知的力量，因为人类无法通过自己的任何感官来感知；当我们听到这些溢美之词的时候，它应该提醒我们：所有人都受到不可见、无形力量的制约。

无形力量就像大海中的惊涛骇浪一样，人类在它面前既没有能力对付它，也没有能力控制它。人类无法理解无形的重力，不知道它如何让这个地球悬在宇宙中，如何牢牢地将人类吸附在地球上；更无从知道谁又是重力的主宰。在这个无形力左右的狂风、雷雨面前，人类完全卑躬屈膝，无能为力；在无形力左右的闪电面前，人类一样束手无策——而且，甚至不知道电是什么，来自何方，目的何在！

在不可见的无形力面前，人类的无知又何止于此！他不清楚，正是地球的泥土里面埋藏的无形力量（和智慧）给人类提供了一口口食粮，一件件遮体的衣服，还有口袋里的一个个美元。

《思考致富》，第13章

第20章

我们的学校在课程学习方面做得非常出色，对于老师们的付出，我们应该表示感谢。但是要教育孩子们如何长大成人，需要社区和父母的共同努力。

———艾迪·基尔伯恩

"这个经验太棒了！我敢打赌用在别人身上也能奏效。"你听过这样的说法吧？或者你自己就说过类似的话？希尔博士表示，很多时候，不管一个经验多么适合某个学生的当前情况，但是他们总觉得用在别人身上更有效，而忘记了自己，所以无法领会这个教训。不知道为何，经验教训都是用在别人身上的，与自己无关。

世上没有一种尺寸可以满足所有需求，必须进行必要的修改，甚至专门定制才行。尤其涉及一个人人生目标的重大问题时更是如此。如果有人详细地告诉你要做什么，那么这个计划不属于你，而属于他。既然不是你的人生梦想，自然也不会给你带来成就感和满足感。追求梦想的时候，先把你的眼光放在寻常的地方，这么做不会有错。

有没有想过，为了你的人生目标，如何才能开辟出一条属于自己的成功之路？让我们回到生命的初期，搜寻孩童时期最早的记忆。那时你尽情玩耍，无忧无虑，根本没有时间的概念，只活在当下。跳舞、画画、表演，或是数星星的时候情不自禁地赞叹头顶的星空——这些时刻你进入了忘我的境界，失去了时间的记忆。你享受着自己喜欢的事，品味着当下的快乐。回首过去，我们才发现自己孩童时期玩耍时做的事竟然包含着玄机，跟我们此生的使命密切相关！

现在腾出一点时间，把你喜欢的游戏活动记录下来，看看能否把它们跟你成人后的职业联系起来。我敢打赌，你的工作满足感跟上学前的乐趣之间有着明显的相关性。记住，淘金的时候，一定要从自家的后院开始干起，那里就是埋藏财富的地方。现在，拿起铁锹……从你现在的位置开始挖起，挖掘出你的宝藏。据说，你的心在哪里，财富就埋在哪里。了解你内心的渴望，就能找到你的财富人生！

你的开始

拿破仑·希尔博士

在人生的某个关头，你想要做些从未做过的更伟大更美好的事情，可是却遭到周围人们的阻拦。那些自诩很了解你的人会说，你的计划很傻，或者根本无法实现。你突然发现，大多数人更乐于诋毁你、劝阻你实现梦想，却没有多少人愿意支持你同情你。

那么，如何避免遭到别人的阻拦？最好办法就是只信任那些真心同情你，理解你的志向和处境的人。或者干脆把计划藏在心底，让你的行动说话。"行动起来，不要空谈"这样的座右铭对任何人都有价值。

你可能不喜欢高估自己能力的做法，但是高估总比低估自己的能力好，因为对你造成的伤害少。如果你瞄准一个很伟大的目标，结果只取得了一些成就，那么你还是收获了些成绩。如果还没有开始的时候就被浇了一盆冷水，那么你会低估自己的努力，结果将一事无成。

也许你心中的梦想酝酿已久；也许你已经有了个实验模型；或者在纸上已经设计好了蓝图并再三修改，你知道这个想法有可能实现，但是却没有任何实际行动。因为缺乏足够的自信，你无法迈出关键的第一步，寻找一个志同道合的人，在他的协助下实现梦想。

你要做得的事就是抓住这些成功的原则，并把它们运用到自己身上。徒然地赞叹这些成功法则的美妙："这个经验太美妙了！用在别人身上肯定奏效！"毫无益处。这些久经时间考验的成功法则已经让很多人脱离贫穷、飞黄腾达，你为什么还不赶快树立信心、掌握这些原则并且将它们运用到自己身上？别人能够做到的事，你也能办到，但是你必须主动出击。别人谁也无法代劳。

一个人能够管理好自己，就具备了管理别人的资格。

如果按照成功哲学十七条原则的指引，组织好你的现有资源，那么你的成功指日可待。为了实现成功，你需要自我约束、对自我的信念和对目标的专注。成功还是失败，完全是你左右自己大脑的结果。如何驾驭大脑决定成败！

《积极心态成功学》，第277—278页

第21章

从1908年到1928年，拿破仑·希尔研究了这些成功偶像的成功方法：安德鲁·卡内基，托马斯·爱迪生和亨利·福特。那项研究的成果就是1928年的《成功法则》以及1937年希尔最举世瞩目的作品《思考致富》。在这些著作中，希尔和他的同事W.克莱门特·斯通详细描述了十七项成功法则——它们是每个成功案例的核心所在。在过去的70多年里，《思考致富》以及十七项成功法则已经让无数的人受益匪浅。

——里奇·维诺格拉德

每当一个让人们无限敬仰的伟人故去时，人们总会不由自主地讨论：到底是什么把他推向了成功的宝座。回顾他们的人生历程，我们一般可以找到一个时间上的转折点——那一刻他们清楚地知道如何运用自己的力量来创造未来。这种力量就是思考的力量。

最让他们痴迷的，也许是克服一个困难，如何促进心智的成熟，或者是解答为什么有的人成功、有的人失败的困惑。到底是什么促使他们寻求正确答案，这个问题本身并不重要；重要的是他们对未来的深谋远虑。

宇宙习惯力法则适用于我们中的每一个人。我们对这个法则的诠释和使用直接决定了我们在生活中能够得到什么样的结果。因为法则本身就是这个世界的一部分、和它息息相关，因此它的运作也关系到地球上的每个人。每天，我们的播种决定了收获；付出决定了所得；行为决定了身份。这个法则只是简单地声明：在宇宙规则的作用下，恒星在太空闪耀，行星绕轨道运转；而作为宇宙生物的人类也在同一宇宙规则的掌控之中。

当我们看到天地神奇的造化，我们知道宇宙普遍计划在指引着我们。我们应该遵循这个计划的安排，而不是反其道而行之，因为它决定了人类以后生活的方向。这个计划的魔力和美妙之处就在于：我们自己不必变成上帝，我们此生的使命就是服从神圣计划的指引，把我们带向至高的善。为了实现这个目的，最好的做法就是效仿那些伟大的先行者——他们给我们留下了一个完美的典范。

希尔博士建议，我们应该学习那些做出伟大成就的人，努力从他们身上学习那些值得拥有的特性。一旦知道了自己的方向，路途将不再崎岖坎坷。只要有了计划，有了指明方向的地图，我们必能成就我们的命运。我们要善于发掘那些好的榜样，思考他们的性格特征，并且像他们一样为实现目标而不懈努力。不管你有什么样的希望和梦想；只要经过观察，联系自身实际情况，同化，运用这四个步骤，你就将立刻踏上成功的坦途。

神圣计划

拿破仑·希尔博士

"一个人无法选择自己的环境，但是他可以选择自己的思想，从而间接地影响他的环境。这一点毋庸置疑。"

下面这个计划将彻底改变你的性格，变成你希望的模样，这就像太阳东升西落一样是个颠扑不破的真理。

把这一页纸贴到屋子的墙上。每晚休息就寝前，摒弃一切杂念，重复下面的话，坚定地在性格中塑造这些优秀的品质。当你重复这些话时，眼睛要紧盯着每一个词每一个字，因为它们包含着你期望拥有的性格特征：

林肯：我看着你的脸，郑重承诺：付出我最诚挚、最热切的努力，在我的性格中培养耐心，宽容和热爱全人类的品质，无论他们是强者还是弱者，朋友还是敌人。正是这些优秀的品质成就了卓越的你。我要以你为榜样，从别人身上发掘优点，培养对正义的热爱。

爱默生：我看着你的脸，下定决心在我的性格中培养你对大自然独特的悟性，能够读懂大自然的神奇手笔，无论写在人们脸上，潺潺的溪流上，花瓣上，树木上，歌唱的鸟儿身上，小孩子脸上，还是森严的监狱高墙岩壁上。你的深邃思想在时间的沙滩上也留下了深深的足迹。

艾尔波特·哈伯德：我看着你的脸，下定决心在我的性格中培养你特殊的表述能力——充满生机活力、热情洋溢的语言，铿锵有力的表达。这种能力让你出类拔萃，卓尔不群。

华盛顿：我看着你的脸，下定决心培养勇气和恒心，凭它们圆满完成所有承担的使命。

拿破仑：我看着你的脸，下定决心培养运筹帷幄的能力，掌控一切能够为我所用的力量；培养自信心，征服一切迎面而来的艰难险阻。你将一直鞭策我：半途而废、轻言放弃的人永远不能胜利；无论遇到什么困难，时刻保持警觉和坚持不懈的勇气，这是成功的必然代价。

（签字）

"梦想要神圣而崇高。你有了梦想，才能成真。你的想象是对日后成功的承诺；你的理想是对最终结果的预言。"

——艾伦

《拿破仑·希尔杂志》，1921年9月，第24页

第22章

有一个产业对我的家庭产生了深远影响——挖煤业。150多年来，挖煤一直是维斯市的重大传统，它给当地带来了很多就业机会、金钱和人口。我的家庭里面很多亲戚一直都在挖煤这个行业里干活。挖煤业对弗吉尼亚州西南部的大多数人产生了深远的影响。

——达尔顿·姆林斯

希望难以捉摸，看不见，摸不着，好像流沙一样，可以轻易地从手心溜走。理论上说，眼睛看不到希望，耳朵听不到，手无法触摸，舌头不能品尝，鼻子也无法闻到。如果我们追逐希望，它就像精灵一样难以捕捉，像思想一样无形，像我们呼吸的空气一样无法感知。然而，没有了它，我们的生命根本无法持续。希望来自何方，又去往何处？这些问题至关重要，因为没有了希望生命就会急转直下，甚至提早夭折。

希望来自内心里乐观的信念：不管境况如何，结果总是好的。它是心灵的灯塔，点亮了信号灯为我们指明方向。它振奋我们的精神，给我们前行的动力。希望丰富了我们的生命，是积极心态的一个核心要素。希望让我们看到自己生命中每天的幸福，从而让我们心生感激。同时，它激励我们坚持不懈，不轻言放弃，因为希望，我们知道圆满的结果就在不远的地方等着我们。希望拯救我们的灵魂，滋补我们的心灵，为好习惯的养成创造了良好的条件。希望是欣然的回答"是！"，不是丧气的回答"不！"。

如果任由消极悲观的想法侵入我们的思想、霸占我们的头脑，那么希望就会离我们而去。消极的情绪迅速蔓延，扑灭希望的火焰。一旦悲观失望，希望将无立足之地。正如落叶被旋风夹挟着漫天飞舞，希望也会被思想骚动的风暴席卷而去。当环境不再欢迎它的存在，希望自会拂袖而去；而一旦希望被放逐，恐惧很快就会霸占人的心灵。

我们有力量做出选择，从而影响结果。站在积极、乐观的立场上，不仅我们自己可以获得启迪，还能照亮他人。满怀希望，就能制造奇迹！只要希望还在，那么美满结局就有可能。为什么不呵护你的希望？你非但不会有任何损失，还会有意外的收获！

希望

拿破仑·希尔博士

"拿出行动，你将收获力量。"——爱默生

成功之路就是奋斗和抗争！

就在即将发表演讲之前，林肯在一个信封的背面写就了有史以来最伟大的英语演讲词，然而在演讲的背后却承载了多少奋斗和艰辛。

在人生旅途中，你将经历无数艰难险阻。失败会一次次地把你打倒在地，但是记住：在你前行的路上安放许多障碍和挫折，这是自然之道，和在受训的马匹面前放置跨栏一个道理，这样你才可能从中学到东西，汲取最珍贵的教训。

每一次你战胜失败，都会变得更强大，更信心百倍地迎接下一次挑战。你会时不时经受考验，所有其他人也一样。对自己和同胞丧失信念、缺乏信任将给你的心底投下黑暗的阴影，但是记住一点：当这些挫折考验你的时候，你做何回应将清楚地表明：你是在蓄势待发，还是在节节败退。

"很快，一切都会成为过去。"没有什么事是永恒存在的，所以为什么听任失望、怨恨或者强烈的不平破坏你平静的心绪呢？它们很快就会消失的！

回首你的过去，你会看到：昨天的经历曾经沉重地压在心头、似乎看不到一丝成功的希望，但是如今却烟消云散，而你经过磨难的洗礼变得更豁达。

整个宇宙都处在不停的变迁状态。你也处在不停的变化状态中。变化抹去了曾经的失望在内心留下的伤痕。只要你记住："很快，一切都会成为过去"，那么任何困难都压不垮你。

回过头来看，昨天背负的忧伤和苦恼曾经把内心的幸福感挤得无影无踪；而今，看！它们变成了成功的基石，我踩着它们一步步地爬向成功的巅峰。

《拿破仑·希尔杂志》，1921年9月，第9页

第23章

　　拿破仑曾经得到个好差事——为我家境殷实的祖母家工作。他写道,他"因为是妻子的丈夫才得到了这份工作"。令人钦佩的是,后来他辞掉了那份优厚的工作独自出来打拼,让我的祖母,她的家人还有朋友们大吃一惊。他后来写道,那份工作太容易了,没有任何挑战。他觉得"惰性"一点点控制住了他,而这种惰性再演变下去将变成他后面所说的"混日子"。

——J.B.希尔博士

　　每次使用黄金法则,我们都能获益匪浅。光想着那条"以待己之心待人"的金科玉律还不够。你必须把这个想法落实到行动。期望别人怎样对待自己，就怎样对待别人，这是个好的开始。先在小事上积极主动，就能为日后干大事做好良好的铺垫。

今天我参加了马来西亚库青的拿破仑·希尔国际会议。来自世界各地的演讲者应会议组织者克丽丝蒂娜·齐亚的邀请参加了此次会议。让我深有感触的一刻是第一晚庆祝晚宴上发生的事，三年前克丽丝蒂娜曾主持并赞助过2007年的会议，而当晚她认出了曾经帮助她筹划当年会议的几位客人。尽管有些人并未出席，但是她非常肯定地认出了那些人，而且向所有在场不在场的人表达了正面的感激之情。并非她非得这么做——因为她讲出来或者不讲出来这件事，没人知道之间的差别——但是她知道，而且她也想让所有其他人都知道！我们无法割裂自己的过去或者未来，跟它们有着千丝万缕的联系。对很久以前的祖先或者近来的"先辈"付出的努力表示感谢，我们其实是在祝福，在表达我们对现在的感激之情。这些祝福的作用就像让面包发酵的酵母一样可以促进善的生长和扩大。

这个过程很简单，却推动了善的循环，使它圆满。我们的行动是积极抑或消极，决定了当下得到的结果。如果我们做出消极的回应，那么就会得到消极的结果。如果有人消极地对待我们，那么我们还有机会选择——是打破这个消极的循环还是继续？当我们用积极的行动作出回应，那么消极的能量就会被驱散，我们就有机会擦去旧的痕迹，有一个积极的开始。这就是选择的美妙之处！善有善报，恶有恶报。你的决定是什么？我会取鲜花而舍弃杂草。你呢？来自马来西亚库青的祝福！祝愿你人生的每一天都播下善的种子！

实用黄金法则

拿破仑·希尔博士

当人和人之间发生争执，国家与国家之间发生战争；当世界因为冲突、混乱、丧失信任而动荡不安时，我们应该在没有希望、信心的荒芜心田里种下建设性的思想，这才是最伟大、最有意义的事情！你的影响力只限于少数人，如果你愿意施展自己的影响力，那么它将带给你极大的幸福和财富回报！你将放下所有盘踞在头脑中的仇恨和偏见，动用自己每一分影响力帮助同胞们认识到冲突，争斗和破坏行为的愚蠢。可以肯定，你运用自己的影响力行善的时候，你所付出的一切努力都将给你带来回报，就像回力镖一样。你得到的不是诅咒，而是祝福，因为你付出、奉献的时候，这个世界会原样奉还，这如同太阳东升西落一样是个颠扑不破的真理。你可以在绝望中沉沦，也可以放下绝望，肩负起传播积极心态的使命；你可以在绝望中毁灭一切，也可以用信心和希望建设新的精神家园。选择权在你的手上。但是要确定一点：假如播种的是野菜，你不可能收获燕麦；同样的道理，不破不立——不把你内心的消极、破坏因素先清除干净，又如何拔除别人心中的消极想法，播种希望的种子？

《拿破仑·希尔杂志》，1921年11月，封底

第24章

用拿破仑·希尔自己的话："将近二十年来，我试图寻找我的财富梦想，这样可以骄傲地向世人宣称：我找到了自己的金罐子。为了搜寻这个行踪不定的梦想，我做出了不懈的努力，经历了沉痛的失败和无尽的绝望，但是那个幽灵般的金罐子一直诱惑着我不停往前走。"

"一天晚上，我坐在火堆前，和一群上了年纪的人谈论劳动大众的牢骚和不满。跟我一起坐在火堆前面的一个人说了一句话，这个意见是我有幸得到的最有价值的建议。"

"他探过身，紧紧抓住了我的肩膀，直直地看着我的眼睛说道：'嗨，你是个聪明的孩子，如果能接受点教育，你一定会在世上有所作为！'"

——J.B.希尔博士

让我们花些时间反省一下自由的概念。"所谓的自由并不是真正的自由。"人们总能听到这句话，但是别着急着点头认可，你有没有真正思考过这句话对你的意义何在？从先辈那里继承来的自由中，我们每个人扮演了什么角色？我们应该把自由囤积起来不敢轻易示人？还是拿出来慷慨地与他人分享？

作为地球上的公民，我们每一个人都有责任保护别人的自由以及自己的自由。不管拥有多少财富和名望，不管我们的社会关系多硬，这些都不重要。重要的是我们拥有了自由，而且我们要捍卫自由。

如果我们剥夺了他人的自由，那么最终也会丧失自己的自由。和他人分享的东西会增加，而霸为己有的东西会减少。地球是我们的家园，但是我们只是个临时歇脚的匆匆过客，不过在有生之年暂时租住而已。我们不是房东，而是房客；对地球命运关心与否直接关系到我们子孙后代面临的生存状况。

地球上所有的居民享有同等神圣的权利，而自由就是其中一项抽象的权利。对于拥有自由的人而言，它让你享受生命的甘美；对于失去自由的人而言，它是一道需要逾越的鸿沟。任何他人的自由都无权侵犯我们自己的自由。现在正是个绝佳的时机，我们应该承担责任，确保地球的居民都能享有生存权。没有任何个人，组织或者国家有权力剥削或者践踏他人的自由。人类应该迈出轻柔而坚定，意义深远的每一步。一定不要让自我过分膨胀，失去了灵魂的依托。在请求得到上苍格外的眷顾之前，让别人享有自由。做到公平公正，光明磊落。

为了纪念

拿破仑·希尔博士

当我们读着林肯鼓舞人心的讲话，让我们记住他的耐心，宽容和正义——这些品质让这位伟人卓尔不群，得到人们的敬仰和爱戴；同时也为他在同胞的心中树起一座永久的纪念碑。让我们不要忘记：无论出身卑微还是一贫如洗都无法剥夺一个人出人头地的机会，只要他坚定信念，信守奉献他人的神圣承诺。

林肯在葛底斯堡的讲话

八十七年前，我们的先辈们在这个大陆上创立了一个新的国家，它孕育于自由之中，奉行人人平等的信条。现在我们进行的这场伟大的内战，就是对我们的严峻考验：这个从自由中孕育出来、奉行平等信条的国家能否立于不败之地？我们聚首在内战的雄伟战场上；我们来到这里，是为了把这个战场的一块土地奉献给那些为国捐躯的战士，让他们的灵魂得到最后的安息。我们这么做，既合乎礼节也合情合理。不过，从宽广的意义来说，我们没有资格奉献这片土地，也未能神化它，给它以荣光。因为那些已经牺牲的和仍在浴血奋战的英勇斗士们已经神化了这块土地，使之成为圣地；而和他们比较起来，我们的力量如此卑微。今天，世界不会在乎我们在这里说了什么，以后我们的话也不会永垂史册；但是这些勇士们抛头颅、洒热血的英勇业绩将会流芳百世。勇士们的事业尚未完成，我们这些活着的人应该投身于他们未竟的崇高事业中；我们应该献身于摆在面前的伟大使命，从光荣的牺牲者那里继承他们为事业流尽最后一滴血的献身精神。我们在这里庄重宣誓：牺牲者的鲜血没有白流；在上帝的保佑下，这个国家将在自由中获得新生，民有、民治、民享的政府将永远与世长存！

《拿破仑·希尔杂志》，1921年11月，第2页

第25章

要是听到有人说 "黄金法则"，你会想到什么？小时候，我一直以为只有耶稣教我们"以待己之心待人"。但是，等我上了大学选修一门比较宗教学的课程时，我才发现世界上至少有八种宗教——基督教，犹太教，印度教，伊斯兰教，佛教，儒教，道教和波斯教——都在以不同的形式教授黄金法则。

——凯伦·拉尔森

你有没有注意到，当我们在人生之路上急匆匆地埋首奔跑时，不知何时已经不再关注那些小时候让我们心醉神迷的小小魔法，闪烁的萤火虫，声音宏亮的大黄蜂，灿烂的野花，散发清香的草地，还有绚丽的落日晚霞？我们心中暗想，自己从前经历过这些事情，以后还会经历到，但是真的还能吗？对于每个人而言，早晚都会有这么一天，我们的感官不再敏锐、日益走向枯竭，好像道路走到了尽头。

拿破仑·希尔提醒我们，我们应该认识到，机会随时会降临到我们的头上。他常常跟别人讲述，他的继母如何把他的心态从消极扭转为积极。当他父亲把继母娶回家时，拿破仑下定决心不让任何人取代他的生身母亲。于是，他固执地坚守自己的立场，并做好了应战的准备。但是玛莎没有对他横加指责，而是赞赏他，表扬他，而且很快就赢得了他的心。最后，拿破仑没有变成维斯县的麻烦鬼，而是开始把心思放在如何才能不辜负玛莎对他的热切期望上。用一句短短的积极鼓励，她成功地扭转了整个局面。

今天看来，上苍的恩赐无所不在，我们应该提高自己的期望水准。只要有意识地寻找好结果，我们才有可能影响我们的未来。凡是我们四处寻觅的，我们能找到；凡是满心期望的，我们能得到；凡是真心爱惜的，我们能够欣赏。现在好好反思一下，看看你能不能像玛莎一样独具慧眼——不只是说些溢美之词，而且真心赞美别人，观察到别人的天赋，并督促他们努力挖掘自己的潜能。也许没有了你的点拨，你栽培的那个人永远也找不到前行的方向。

假如人生不再

拿破仑·希尔博士

> "我想找个好办法给生气的心灵疗伤，
> 我想轻声解答迷惑，抚平心中愤怒的海洋。
> 因为我肯定，我的人生只有一次，没有商量。"

很多年来，我一直怀疑人们对很多事都一知半解。随着年纪的增长，我越来越相信，人们知道的东西多么可怜，根本没有资格夸耀。

我知道自己的存在。我知道，生不是我能决定的；死，即便我能决定，手中也没有多大权力。

活着的时候，我想尽我所能做到幸福开心，同时帮助他人享受生活的甘霖，因此，假如我尝到了一丝成功的甘甜和喜悦，我乐于和你分享我的秘诀。同时，在我奋力追求真理、追求理解的过程中失足摔倒的时候，我也希望和你分享所有的失败经历，并且尽我所能解释失败的原因，帮助你绕过那些陷阱。

我不知道，离开这里后去向何方，也不知道上苍给我安排了什么样的使命，因此，趁自己还活着努力做个像样的人吧。这样，不管是今生还是来世，我一样有机会找寻我的幸福。

无论你信奉什么宗教——天主教或者新教，犹太教或者非犹太教，我想让你知道，其实有一种情谊可以让你我无视宗教和种族的差异而同坐在一张桌前——同胞手足情。如果我们能够经常围坐在一起分享面包，我觉得谁都不会介意对方的宗教和种族。我甚至相信，假如我们能够经常在一起，那么我们的心中就不会有仇恨、狭隘、贪婪和嫉妒，因为一起分享事物的人不可能是敌人。

> "我想把希望和信念交到他人之手；
> 想让自己的行为遵从万物之主的意志，没有遗漏；
> 我想让自己的每一天都没有走偏，
> 因为我肯定，我的人生不会再回头。"
>
> ——艾伦·H.安德伍德

《拿破仑·希尔杂志》，1921年10月，第27页

第26章

通过帮助他人、服务他人，我们让自己的生命更加丰富多彩，而别人反过来又帮助我们，为我们效劳，让我们的生命更加精彩。这真是件美妙的事。

——凯瑟琳·贝茨

明明知道自己可以做到，但是因为朋友、家人的消极评价和担心，我们丧失了信心，于是气馁放弃的事情经常发生。那些所谓的"支持者"不会说："你能做到！""你是这个工作的最佳人选！""我很高兴有人认可了你的才华！""这个想法很有创意，会让你顺利找到自己的位置！"等等鼓舞士气的话语；相反，他们总是在拉你的后腿。

　　他们播种下的消极心态开始在我们的潜意识中生根，萌出自我破坏和自卑的嫩芽。那些所谓"用心良好"的支持者居心叵测的一番话，像蛇一样偷偷潜入我们的心智里面，说不定哪一天抬起它丑陋的脑袋。这些消极的念头压制着我们的自信心，最终应验变成了现实。而过去宝贵的想法如今却被贬为无聊大脑的一派胡言——这是我们根本不希望看到的结果。现在我们会问自己："我怎么会相信自己能够实现那个目标呢？""我能做到"的宣言被替换成"这个想法很愚蠢"的咒语，所有尚未实现的梦想都被葬送了。

　　在这些用心良好的朋友家人的鼓动下，我们屈从了，屈从于既稳妥又平庸、习以为常的生活。渴望跳出常规的想法被打上了烙印——疯狂，想入非非，没有任何实用价值。于是你开始自责：谁会支持我干这么一件愚蠢至极的事？为什么我会觉得它是个好主意？我到底在想什么？

　　就此打住！只有你自己才可以停止消极的心理轰炸。要坚守自己对积极结果的个人信念。你可以听那些反对的话，了解他们善意的看法和担心，但是之后应该朝着自己选定的方向进发，用他们提供的弹药把自己武装起来。明枪易躲，暗箭难防；比起一个暗中的敌人，明处的敌人更容易征服，更何况他们只是给你一个预警：如果你决定坚持下去，他们不会善罢甘休的。

　　坚守你的立场。朝着自己的信念坚定地走下去。相信好的结果。同时，不必担心他们会占上风，因为他们对自己的信念根本没有勇气。他们宁可继续停留在自己的消极天地中，这个天地就是他们的安乐窝。尽管这个安乐窝并不理想，但是他们仍然愿意呆在里面，这是他们熟悉的东西，他们知道怎么对付；而你的积极信念代表的是陌生的东西，他们无法驾驭。

要郑重、坚定地声明：决定是你至高无上的权力。尊重自己与生俱来的决定权——授予自己权力、做出明智的决定。生命是你自己创造的。为你自己做出明智的选择，才能够成就卓越、杰出的生命。

了解自己的头脑，过自己的生活

拿破仑·希尔博士

在人生之路上，每个成功人士会在某个时刻找到如何按照自己的愿望度过一生的答案。

你发现这个答案的时间越早，生活成功幸福的几率就越大。然而，即便是很晚才找到答案，也同样可以彻底改变很多人的生活面貌——不再顺从别人的安排、让别人塑造自己的模样，而是过上自己想要的生活。

造物主赋予人类一种独特的驾驭头脑的权力。鼓励人类过自己的生活、形成自己的思想、找到并实现自己的人生目标，这一定是造物主的本意。只要简单地行使这个特权，你就可以为自己的生命带来富足，并且拥有更可贵的人生财富——心灵的宁静。没有了心灵的宁静，不会有真正的幸福。

你生活的世界里充满了来自外部的影响力，它们不停地冲击着你的心灵。你会受到其他人行为和意愿的影响，受到法律习俗的制约，受到责任义务的约束。无论你做什么事，都会对他人产生或多或少的影响，而他们的行为也会影响到你。然而，你必须找到自己的方向——如何过自己的生活，使用自己的头脑，努力把梦想变为活生生的现实。古希腊哲学家们说，"了解你自己。"这是让人类拥有物质和精神财富的金玉良言。不了解你自己，不做你自己，你就不可能真正利用那个伟大的秘密塑造未来，让生命的河流带你到梦想的彼岸。

让我们出发吧，开往幸福的彼岸！

不要把我看成是坐在后排喜欢指手划脚的人。恰恰相反，你才是掌舵的人，而我不过提醒你，留意那张标有重要标识的地图。这样在前往财富和宁静心灵的旅途中，你可以不绕弯路，走得更加平坦。

《用平和心态致富》，佛赛特，1967年，第9—10页

第27章

你强调的重点是教育而不是销售，这让我很印象很深刻。我很喜欢这种理念，它是教育和销售之间的微妙平衡。当我们为了充分挖掘潜能而努力深造时，假如拿破仑·希尔看到我们如何平衡教育和销售这两者关系的，我猜他一定会哑然失笑。

——丘斯·A.菲利斯阿诺

毕生成功的关键是教育。教育不是别人送来的，也不是买来的。你自己必须拥有强烈的渴望，然后通过勤奋的学习、艰苦的劳动和不懈的努力才能获得。学习知识本身并不是终极目标，学有所用才是最终目的。知识学到手后该如何运用？这个问题比知识本身更关键。

需要记住的重要一点：学校的校门并不是知识的起点，也不是终点。毕业典礼上听到别人正式宣告我们"已经接受了教育"时，并不意味着我们应该丢弃书本。相反，我们应该把书本培养成自己的益友甚至是锦囊团，让它们成为我们追求梦想的得力助手。当你阅读沉思的时候，你的头脑就积极地参与到这个追求梦想的过程中来——手捧着散发着墨香的书本，跟作者的思想互动，对书中的知识进行加工整理，这个过程就是真正的求知。作为一个积极的读者，你参与、融入到这个知识交流的过程中。

既然从收音机和电视中也可以学到知识，为什么还要读书呢？读书是成功的基本要素，因为书面的文字是知识的仓库，是个可以跨越时空的太空舱——等待你去探索去发现现在、明天和未来的价值。文字是永恒的。我们通过传奇人物的文字还有别人著述的有关故事了解他们的生平；他们的传记为我们提供了一个背景——在这个背景的参照下，我们可以有目的地对自己的人生进行设计和规划。

读书可以培养人们对学习的热爱，而学习又进一步激发了探究和求知的欲望。恰当的教育可以培养出健全的人格，而健全的人格对一生的成功大有裨益。这个过程是漫长的，但是没有什么别的捷径可走。把你的金钱投入到教育中，那么带给你的利益将唾手可得，只要你学以致用！读书给每个识字的人都提供了均等的求知机会，只要你付出了长久的努力，必将得到丰厚的回报！

成功的特性

拿破仑·希尔博士

成功哲学的一个构成要件就是把挫折看作好事。那些嘴里衔着"银汤匙"出身于富贵之家、什么心都不操的人才真正值得可怜！我敢打赌，跟一个为了糊口生存而不得不奋力打拼的人比起来，出身富贵的人根本不是对手。

所以，造就人才的不是财富，而是品格、毅力和强烈的造福于世界的决心！早些警醒吧，你对世界做出贡献的质和量才是衡量、决定真正成功与否的标准！这里面没有什么好猜测的，跟运气或者机遇亦无甚关联。它是自然固有的法则。

也许你很富有，也许你受到了非常好的教育，也许你出身豪门，但是这些都不是成功，因为你必须记住：财富扑朔迷离、行踪不定，不定什么时候就会远走高飞。

唯一真正长久、宝贵的成功就是你塑造的品德！

同时切记：你无时无刻不在塑造品德。如果你把自己的一部分时间投入到自我提高、培养自信心和自制力上，十有八九你可以塑造出优秀的品德，成为未来无价的资产。

品德是一步一步逐渐塑造起来的。你的每一个思想，每一个举动都会变成品德的一部分。品德就是你的所作所为，话语，和思考的结晶！如果头脑中总想着有价值的事情，那么你也很可能成为一个有价值的人。

只要你对自己渴望的事情一心一意、全力以赴，只要你坚韧不拔，那么你就会实现自己的梦想。记住，我说的不是你有足够多的渴望，而是你付出足够多的努力。

如果成功没能如期翩然而至，我们也绝不要抱怨。牢骚满腹的话，当成功真的来临时，我们可能就认不出来了！当命运将我带上一条充满荆棘坎坷的道路，我不会对它怨声载道。当世界粗暴地利用了我，我也不会牢骚满腹。因为生活中的舒适、安逸不会培养人坚韧不拔的性格，如同不经过水与火的历练就无法增加金属的强度和硬度一样。

世界在拭目以待，等待有人挺身而出，为他人分忧、为他人奉献，让这个世界变得更美好。而百分之九十五的人仍旧无动于衷，因为他们不具备这样的品德。莎士比亚说过的话很有道理："我们犯下的唯一罪过就是无知。"

《希尔黄金法则杂志》，1919年3月

节选自《思考致富信函》，1993年7月，

第五卷10期，第7页

第28章

"我对自己的工作很满意。每一个幸运的黎明都带给我服务世界、造福世界的新契机。作为一个编辑和教育者，我有机会做些好事。"这么说来，拿破仑·希尔认为自己是个教育者。看到这么多人相信拿破仑·希尔成功学现在仍然有教育意义，我感到由衷的满足。

——J.B.希尔博士

如果你曾经蒙受过冤屈，你有没有产生报仇雪恨、为自己讨还公正的冲动？不幸的是，我们都有过这样的欲望。假如我们的车因为交通堵塞而动弹不得，在交款处收款人少找了钱，软饮料销售机不出饮料，航空公司额外收费，特殊的纪念日却被人遗忘，在网上遭遇诈骗或者在现实生活中遭遇抢劫，我们会抑制不住心中的怒火，决心把欠我们的"一磅肉"再找回来。每当我们觉得自己被人利用或占了便宜，幸存者的本能就会苏醒，开始要求主张自己的权利，要求报复雪恨。不管经历的是什么样的事情，"转过另外一边脸让人打"的劝诫乍一看起来简直愚蠢透顶。

但是，为了把这个道理说清楚，我们先假设你用友善来回应而不是报复，结果会怎样？很有可能，你得到积极的回报；不过也有可能并非如此，那时你会觉得自己的宽恕和友善简直愚蠢透顶。确实如此。但是你的友善举动到底会让谁受益？你自己。你是自己友善行为最大受益人。人们错误地认为，首先成全别人的友善举动牺牲了自己的利益，但是事实真相是你才是善行的最大受惠者。你能想到什么，你能做到什么，你就成为什么样的人。因为思想落实为行动，并且得到感情的激励，才促使我们做出了那样的举动。

好好想想吧。当你梦想成为自己理想中的人物时，你的梦想获得了极大的动力，就像给火箭添加了燃油——你点燃了自己的情感，向渴望中的目标进发。只要你心无旁骛不偏离航向，你就能够准时抵达成功的彼岸。如果我们纵容自己误入歧途，那么最终我们的梦想会变得遥不可及。

报复的时候，我们会忘记自己的追求与梦想。一定要知道前行的目标和方向。专注于自己的优点，生活的烦恼自然会离你而去，而你将享受到人生的惬意与美好，不再为那些缺憾心生芥蒂、耿耿于怀。

回报法则

拿破仑·希尔博士

你接触的每个人都是一面思想的镜子，这面镜子清楚地折射出你的心态。近来我和两个儿子布莱尔、詹姆斯的经历就清楚地说明了这一点。

我们走路去公园喂鸟和麻雀。布莱尔买了一袋花生，而詹姆斯买了爆米花。詹姆斯想要尝尝花生，于是也没有征求同意就伸手去抓布莱尔的花生袋子。但是他抓空了，布莱尔打了他一拳以示还击。

我对詹姆斯说："嗨，儿子你看，你想要花生，但是要的方法不对。我来给你演示一下该怎么办。"说这话的时候，我其实还没想好该怎么办，我只是希望拖延一下时间，这样我才能把这件事分析清楚并且找到一个更好的解决办法。

然后，我想起来回报法则上说，人们应该总是以仁慈善良之心来回应受到的伤害，于是我对詹姆斯说道："打开你的爆米花盒子，给你弟弟吃点，看看会怎么样。"

经过一番好言相劝后，他总算同意了。然后奇妙的事情发生了，我从中学到了经商中最宝贵的一课。布莱尔还没有拿到爆米花呢，就坚持给詹姆斯的外衣口袋里倒些花生。他做出了友善的"回报"！

从对两个孩子进行的简单试验中，我学到了很多管理艺术的精髓，比从其他渠道学来的东西还要多。就这次回报法则的操作和影响来说，布莱尔和詹姆斯做得非常出色，我们这些成人都无法超越他们。但是我们成人也很容易受到这个法则的影响。

"以善报恶"的习惯受到如此普遍的推崇，我们甚至可以把这个习惯称为回报法则。假如一个人赠送给我们一个礼物，我们不会感到心安理得，除非我们用同等的甚至更好的东西来"回报"他们。如果一个人对我们充满溢美之词，那么反过来我们也会"回报"他们——我们对他的尊敬喜爱之情也会增加。

通过回报法则，实际上我们能把敌人转变成忠诚的朋友。如果你希望把一个敌人转变成朋友，那么放下自尊这个挂在脖子上的沉重又危险的负担吧，你会看到"以善报恶"这句话的真实可信。

养成一个好习惯——诚恳地面对你的敌人，尽可能关切地对待他。开始的时候他可能看起来不为所动，但是慢慢地他会被你的影响力折服，并且做出"友善的回报"！

对于那些诽谤、诋毁你的人，最让他们如坐针毡的不是仇恨，而是人类的善良。

《希尔黄金法则杂志》，1919年3月

根据《思考致富信函》改编，1994年3月，

第六卷3期，第4页

第29章

但是，到底有没有这样一个共同的目标，引导着我们找到自己的生命意义？我认为这样的目标是存在的，而且我想向你提出这个问题让你思考。对于人类而言，最终的成就是，在离开人世的那一天能够告诉世人，你对伴侣的热爱如同结婚那天的感情一样真挚。

——艾丽·爱泼斯坦

和别人携手结成一个智囊团，这时我们的创造力可以一下提升好几个等级。过去看起来无法实现的任务，在朋友的帮助和协调下立刻摇身一变，成为触手可及的现实。团队合作展现出来的积极能量可以让高等级的共振感应畅行无阻。拿破仑·希尔说过："在大脑细胞结构中的某个角落有一个器官，它负责接受思想的共振感应——即通常所谓的直觉。"在智囊团里，这些思想的共振感应（直觉）都会得到强化和提高。希尔补充说："如果得到积极的应用，智囊团法则可以将这个团队中每个成员的潜意识都联系起来，而且其中的任何成员都可以利用其他成员的智慧和力量。"

上面所说的是个美好的愿景，如果你没有亲身领略过智囊团的好处，你甚至会怀疑希尔博士的话是不是真的。当两个甚至多个有头脑的人联手起来协调行动，那么宇宙也会参与到这个团体的运作中来，协力促成奇迹的发生。

今天我收到了一封转发给我的信，上面写道："我认为，假如一群志同道合的人曾经围坐在一起，那么就没有实现不了的事情。"这正是我心目中一个行之有效的智囊团应该表现出来的状态，我们的看法竟然不谋而合，不禁莞尔。根据定义，智囊团指的是两个或多个人为了实现共同的目标协调一致地工作。设想一下，假如志同道合的人走到了一起珠联璧合，他们能取得多么巨大的成就！他们的成功将势不可挡！

你想给自己的生命充电吗？你想把志趣相投的人们集结起来，为共同利益的实现而共同奋斗吗？为什么不先迈出你的第一步？快来参加我们的在线智囊团吧！也许这正是你翘首期盼的成功直通车；或者，它可以为你指明正确的方向。现在你可以访问我们的主页http：//www.naphill.org，申请加入这个组织。

与此同时，找出你的同路人，他们将和你站在一起迎接美梦成真的时刻！

真正伟大的智囊团
拿破仑·希尔博士

你将读到一个最为出色的智囊团的故事，也就是亨利·福特先生和夫人结下的同盟。就在福特先生用首个内燃机做实验的厨房里，这个智囊团初具雏形。那段时间里，福特先生发现了妻子的爱和付出在丈夫的雄伟计划中扮演的至关重要的角色。对于丈夫的种种发明尝试，为了改善机械装置付出的种种努力，她始终表现出真诚的兴趣，坚定地站在丈夫一边，支持他实现他的人生理想。

夫妻之间的互相欣赏和和睦让两个人心心相印，共同度过了那段漫长、辛苦的岁月，而这种欣赏和和睦一直延续了一生。这个世界对福特夫人知之甚少，但是她宁愿选择默默无闻。那些知道真相的人都明白，她丈夫之所以取得举世闻名的成就，福特夫人功不可没。在艰难困苦的时刻，是福特夫人站在丈夫的身旁，微笑地鼓励他，宽慰他，关心他。她对丈夫抱以理解和钦佩，从未怀疑过他的成功，陪伴他度过生命中的低潮。

这两个人目标明确，而且愿意为了实现理想而和睦相处、步调一致，他们两人联手结成的智囊团对于所有那些想要成就伟大业绩的人是巨大的鼓舞。至于这种结盟如何迸发出巨大的力量，并且催生出有史以来最伟大的工业帝国，我们根本无需再花笔墨详述。力量诞生于他们的头脑。这两个谦逊的人知道自己想做什么事，愿意无私付出努力来服务他人，不达目标誓不罢休，终于迎来了成功的曙光。这就是力量的来源。

这个智囊团原则也是托马斯·A.爱迪生整个事业的基石。为了填补自己教育背景的空白，他集结了同事的特殊技能和知识，从而在实验室里创造出伟大的物理发明。但是，除了对物理、化学和机械学的运用，他还有另外一个更为重要的智囊团——和妻子的结盟。爱迪生很幸运，他的妻子对他遇到的问题总是抱以理解和同情。无论做什么，她总是给予他百分之百的支持。不管爱迪生先生晚上从实验室多晚回家，她总是愉快地起身迎接，而且热切地期待他讲述一天的事情。

爱迪生夫人对丈夫能力的信心、信任以及始终如一的热爱鼓励他走过一个个艰难坎坷，即便在压倒一切的失败面前仍旧坚持不懈。

从这两个事例中我们可以获得一些重要的启迪：也许一个人能够结下的最重要同盟就是他的妻子。如果你和妻子有着完全一致的目标，那么无论做什么你都能取得成功。假如你的家里缺乏这种融洽和睦，那么你还是做好迎接失败的准备吧。反过来，对于女士也是如此。女士们，你们也应该和丈夫和睦相处，支持丈夫，这样才能缓解生活和工作中的压力。智囊团的好处是双向的，对双方都有益。

《积极心态成功学》，教育版，第66—68页

第30章

《思考致富》这本书里，希尔讨论了第六感
觉；实际上他专门用了一章的篇幅来探讨。我推
断，既然希尔花了一整章的篇幅来讨论第六感，那
么它一定很重要。

——托马斯·布朗

"有时候我坐着思考，有时候只是干坐着。"棒球选手撒切
尔·佩吉这句广为流传的话让我们会心一笑，因为我们想起了发
生在自己身上的类似行为。炎热的夏日和夜晚，端着一杯冰凉的
饮料坐在门廊前，回想自己生活的点点滴滴再合适不过了。在夏
天气息和暖风的包围中，我们很容易陷入沉思默想中，而这种沉

思默想又是白日梦的前奏。半梦半醒之间，我们头脑中像放电影一样闪现自己的一生，重温那些快乐的情景，掠过那些不快。这些脑海中的场景就像存货清单一样，记载在着生活中的成功与失败。

希尔博士把准确思考和集中注意力这两项囊括在成功法则里面，让学生们刻意培养以获得持久的高水准的成功。首先要准确思考、集中注意力，用它们来引燃我们的成功特质，再投入心中的热情才能燃烧起成功的篝火。与此同时，从白日梦做起，过渡到沉思默想，再由沉思默想过渡为对美好未来的愿景，这是梦想实现的良好开端。实现自己的梦想之前，你得先"看见"梦想。只有做白日梦时，我们才能够把自己放置在那个想象的场景中，但是现实生活里面却遥不可及，根本不可能发生。橡子可能长成参天大树，小小的鸟蛋可能孵出老鹰，而一个做白日梦的人可能长成一个天才。

我很喜欢一个外语教授，他名叫安托尼·兰姆，有一天当地的小学为了不让孩子们上课的时候总看窗外就把窗户用木板钉上了，打断了他们的课堂，让他颇有怨言。兰姆教授说："哎呀，上课的时候看窗外、做白日梦可是我教学中很重要的一部分啊！"我深表赞同。当我们做白日梦、进入沉思默想的状态中时，我们的身体会放慢速度，而头脑和本能却会加快脚步。这时第六感就会趁机放机会，直觉和巧合进来跟我们分享，而平时正常情况下它们都被我们拦在门外。

为什么不坐下来好好思考致富的门道？也许，当你做白日梦的时候，机会早就在自家后院里等着你的到来呢！

孤独的重要性

拿破仑·希尔博士

我热爱我的家人和朋友。我的爱真挚而深沉。我愿意倾其所有让他们生活得更舒适、更幸福……但是，我也喜欢走出人群，离开别人跟自己独处。这种做法看似有些自私，但是其实并非如此。我的心灵成长需要这么做。

我热爱思考，喜欢期盼生命中的未来，喜欢思考我此生的目的，思考如何才能圆满地完成此生的使命，我更喜欢大胆想象、超越眼前的现实。换言之，我喜欢做所谓的"白日梦"。

和人们相信的恰恰相反，白日梦并不是件坏事。实际上，它大有裨益。远离大众，一个人去梦想让你站得更高看得更远，脱离凡俗的事务和杂念。

弥尔顿失明后不得不面对孤独，却写出了绝世的佳作，实现了自我。

作为战犯被囚禁期间，弗朗西斯·斯科特·凯伊在一艘英国船上写就了美国国歌《星条旗》。

我们和别人共处时，不管他们碰巧提出什么样的话题，我们都必须谨守礼仪，尽宾客之欢。而当我们独处时，我们可以任自己的思想天马行空，不受任何羁绊，同时可以凝神思考捕获灵感，并把它们珍藏到我们的脑海中。

这就是创造性的梦想！

不先当"梦想家"，就绝不会成为"实干家"！设计师首先在头脑中描绘出建筑的模样，然后才能画到纸上。因此，我们必须先在头脑中看到自己工作的目标，然后才能把它们变成现实。

《拿破仑·希尔黄金法则杂志》，1919年3月

根据《思考致富信函》改编，1994年4月，

第6卷4期，第5页

第31章

　　我们并不能凭着自己的意志创造思想。思想是我们的内心自然产生的，我们多多少少都是被动的接受者。我们不能改变一个想法的性质，更不能改变事实的性质，但是我们可以转动船舵来改变船的航向。

——艾玛·盖茨

　　一旦我们知道头脑是怎么运作的，我们就能利用这个知识来改进自己的生活环境。我们知道，信念和恐惧不可能同时在思想中共存，因此我们要么选择心怀恐惧，要么选择充满必胜的信念，选择权在我们手上。同时，当我们开始回忆以往经历的成功或失败事件时，这些回忆都储存在潜意识中，潜意识紧紧尾随着这些回忆，如影随形。我们有积极的潜意识，就有积极的回忆；有消极的潜意识，就有消极的回忆。这些回忆要么给我们带来好的结果，要么带来坏的结局。

简单来说，只要习惯性地运用积极心态或消极心态，我们就可以影响事情的结果。如果消极的心态占了上风，那么我们就会注意到自己的情况越来越糟糕，但是我们可以逆转这个下降的趋势，前提是只关注事情的积极面、让心态积极起来。这可能听起来有些过分乐观，但是如果我们持之以恒地坚持下去，我们就会注意到：心态的转变可以带来局面的改观。如果心态总是被恐惧的情绪控制，那么恐惧就会变成噩梦般的现实，因为恐惧不仅压制我们清醒的头脑，它还会毁灭我们的梦想。如果说恐惧让我们却步，那么信念则推动我们前行的脚步。因为充满信念，我们不再担忧恐惧。

以前我教过育子课程，有一个故事是这样讲的：

一个母亲正在鼓励她的小儿子走出前门，把送奶员送来的奶拿进屋。但是外面很黑，因为看不到亮光小男孩不敢出去。为了说服他，他妈妈说："提姆，别害怕，上帝就在外面看着你呢，你不会有事的。"提姆并不相信，他说："哦，如果上帝在外面呆着，那就让他把牛奶拿进来吧。"

听到这个故事我们不仅哑然失笑，但是我们自己做出类似的怯懦举动时却常常感到愧疚。我们不敢勇敢地走出去取奶，只是消极地等待，想看看如果我们不行动会怎么样。很快我们就会明白，只有去做那件让我们恐惧万分的事，我们才能战胜恐惧。没有任何事能够替代我们的行动。成功是不能代劳的，而是需要我们真正的付出。所以，登上通往成功的列车吧，勇敢地面对恐惧，毫不退缩！只要你没有被困难挫折吓倒，就能圆满地实现自我！你自己无法办到的事情，不要让别人做。相反，亲自走出门，把牛奶拿进来！

实用心理学

拿破仑·希尔博士

人类的头脑是个精密复杂的器官。它的一个特征是，进入潜意识的印象不是孤立地被大脑记录下来的，而是以组的形式记录在大脑中。这些成组的记忆相互紧密关联，和谐一致。当其中的一个印象被召唤进入意识层面，所有相关的印象也会相伴而来。

当一个单一的行为或话语在让人的大脑产生怀疑，就足以把所有类似的经历都带入意识中，加深他的怀疑。通过联想法则，所有进入大脑的类似的情感，经历或者感觉都是成组记录的，因此回想起其中一个就会带出其他的经历。

正如把一个小石子扔到水里可以引发一圈圈迅速扩大的涟漪，潜意识也存在着这种倾向。当一种情感或者感觉被唤起时，先前储存在大脑中的所有密切相关的其他情感或感觉也进入意识层面。只要在头脑中唤起怀疑的情感，那么过去所有值得怀疑的经历都可能浮出水面。

这也就解释了成功的销售员为什么要尽力避免引起购买者做出"怀疑印象连锁反应"。有能力的销售人员早就知道，批评自己的竞争对手可能会导致不良的后果——给购买者带来一些不良的消极情感。

这个原则适用于人类头脑中任何情感和感觉。以恐惧这种情感为例，只要我们稍不留神，让恐惧钻空子闯进我们的意识中，这种情感就会跟其他的不良情感狼狈为奸。当恐惧霸占了我们的意识，那么勇气就无立足之地。两者势不两立。它们根本无法协调，因此根本无法共存。

既然物以类聚，意识中的每个思想都倾向于吸引其他与之一致的相关思想，那么同属一类的情感，思想和感觉也会随时待命，时刻准备着提供后援。

如果你通过暗示给自己的头脑中灌输不管做什么都要势在必得的决心，你将会看到自己潜伏已久的能力被激发出来，你的力量也自然而然得到增强。积极的思想会吸引其他积极的思想，增加你克服困难、实现成功目标的自信。如果你赶走那些消极的念头，用相应的积极思想替而代之，并通过暗示的力量强化这种思想，那么你的所有雄心壮志，都触手可及！

《拿破仑·希尔黄金法则杂志》，1919年2月

第32章

如果你能够真诚地热爱所有的人、所有的事，那么结果会大大出乎你的预料，因为爱是磁石，可以把美好的事物都吸引过来。爱你的身体，赞美它，想想它是多么美妙神奇，还有它是如何欣然地满足你的每一个要求。

——维娜斯·布拉德沃斯

提醒人们重视黄金法则，这么做是很有意义的。在拿破仑·希尔的职业生涯早期，他开办了家杂志名为《拿破仑·希尔黄金法则》，他自是该杂志的创建人和编辑。希尔博士教授说，对他人充满尊敬和友善会带来回报。人们总是把"一报还一报"挂在嘴边却并不太当真，但是这句话千真万确。我们的行为影响了别人的行为，而我们对别人的行为做何反应反过来又影响我们的行为。一个微笑可以引起对方的微笑，而愤怒却可以招致更深的愤怒，一种阴郁、无望的氛围会像病毒一样传播开去、遍布一个群体，除非有人打上一针强效的"积极心态"药来增强自己的免疫力。

倘若我们思考一下自己行为之前的思想意识，真正想清楚我们到底在干什么，这么做就可以改变事情的整个局面。不要着急作出任何反应，先思考，然后调整我们的反应，从而带来一个全新的结果。如果我们抱着积极的心态先想象出我们想要实现的完美结果，那么我们就有机会引发别人做出积极的反应。

"以待己之心待人"这句话在很多信念体系的诫律中都可以看到。既然我们都是人类大家庭中的一分子，我们应该理解，只有互相尊重人类才会兴旺发达，而相互诋毁则导致灭亡。作为人类，每个人和其他人都是平等的。没有任何人比别人更有资格得到平等或者优待，也没有任何人不配享有平等和优待。

现在就尝试一下吧。真诚感谢女服务员给你端来饭菜；坦然接受的士司机从你身旁匆匆驶过而不载客；对于客人到访而给你增加的打扫卫生任务，你能尽地主之谊欣然接受而不是牢骚满腹；加倍努力，向他人表明你总是乐于奉献而不计报酬，因为你的职业操守告诉你：付出应该比别人期望的多一些。早晚有一天，你会因为自己的贡献而得到认可；而人们也会认识到，你有资格得到更好的回报。

黄金法则是一把商界利器

拿破仑·希尔博士

把黄金法则比作一把"利器"看似荒谬，却道出了事实真相——这把武器所向披靡，世间没有任何东西可以抵挡。

黄金法则是商界的一把利器，因为在运用黄金法则的过程中，没有任何对手可以和它抗衡。

在写这篇文章的时候，整个商界似乎都在"牟取暴利，投机取巧"，也就是说"不付出相应的努力就捞到好处"。这种贪婪的思想是不可能长久的。那么，对于那些把黄金法则奉为生意准则、目光远大的人们而言，这是个千载难逢的好机会！他们因诚实和信誉而脱颖而出，得到人们广泛的赞誉，并获得源源不断的生意，而那些牟取暴利的商人们早已被淘汰出局。凡是运用了黄金法则的商人们会发现，他们的根基"稳如磐石"。

而对于那些劳工联盟而言，这也是个天赐良机！信奉黄金法则，运用黄金法则可以让他们取得永久的物质上的胜利，而且不用流血牺牲。劳工联盟能够把握这个机遇并且善加利用吗？现今局势给某些普通劳动大众一个出人头地的机会，让他们用黄金法则来影响和引导广大的劳工大众，让他们中的一些人一跃成为领袖人物，不仅可能领导人民群众，甚至领导整个民族——这是美国人们能够授予他的最大的权利。

使用黄金法则，世界无论何时何地都不会剥夺这个人从中受益的机会。

不采纳黄金法则，而企图用其他的标准来做生意，那么无异于自毁前程，破产倒闭的结局指日可待。事实不容辩驳，对本作者而言，明智的人应该遵守黄金法则并从中得到回报，此乃聪明之举。他们早晚都会认识到这一点。

把黄金法则奉为你的生意座右铭，写在商业信纸上，打在广告上。它们终将给你带来丰厚的利润。

《拿破仑·希尔黄金法则杂志》，1920年2月

第33章

　　花上一周的时间，以一个先驱人物为榜样，用他的精神激励你，努力解决你的问题，这个主意怎么样？也许这一周的榜样力量就能让你有不小的收获。那个珍贵的教训会融入你的行为方式中，一直照亮你的内心，直到你最后抵达成功的彼岸。

　　　　　　　　　　　　　　——威廉·H.丹佛斯

　　很多人不能担当领导的重任，却在寻找一个好的领袖人物。人们抱怨优秀领导的缺乏，但是却从没有想过自己去接手领导的位置。假如需要的时候，领导者招之即来，该多好！但是现实状况是，领导们通常来自于他们服务的基层。真正的领导之所以服务于大众，是因为他们受到了心中使命的召唤。如果一个人先考虑自己的所得然后才肯付出的话，那么他们的领导地位不可能长久。

领导的功能在于满足支持者的需求。让我们看看金字塔的根基，金字塔以底部的基座为根基逐渐上升到定点。顶点是这个建筑物的最高点，但是下面的结构却提供有力的支撑。领导者亦然，不付出个人的努力不可能当上领导者，即便当上了领导者，如果没有积极的行动，那么领导的位置也保不住。领导者们需要跟他们代表的群体结成一个同盟。

一个优秀的领导者是群体的代言人；这是他们职责的一部分。另外一个同等重要的职责是他们作为梦想家应该起到带头作用，为群体领路。《圣经》上那句话"没有了幻想，人们走向灭亡"，就是对各个领域领导的最好警醒——要超越平庸和普通。一个领导应该维持现状，但是也应该时刻关注着成长和发展。停滞不前的领导无法维持组织内的平衡，只会引导着大家走下坡路。而不停进步的领导则利用流动的能量来壮大自己及组织的力量，并向新的高度冲击。

稚嫩年轻的，会成长；而长大成熟的，会腐烂、没落。不可能存在一成不变的领导。根据定义，领导者必须果敢决断，然后采取行动。做不到这些，就不能称其为领导者。

领导者与被领导者

拿破仑·希尔博士

人们可以分成两种：领导者和被领导者。

我们中百分之九十八的人都属于被领导者！

到底是什么能让一个人从后者的平庸之辈中脱颖而出，加入领导者的行列？

没有什么别的秘诀，就是智慧的思想，加上明智的行动。

如果一个人的想法不公正、不明智，那么他不可能长久地担当领导的角色。也许通过暴力，欺骗和谎言一个人当上了一时的领导者，但是补偿法则对任何人都铁面无私、一视同仁，所有的领导者都将为他的行为承担责任和后果。

一个人要长久地担当人民的领袖，他必须获得被领导者的拥护和认可。如果你想要在任何职务中担任领导者，或者想永久地占据领导者的地位，一定要记住这一点。

本作者虽然并不十分确定，但是他相信，无论做什么事情，英明而能干的领导者必须和接受他领导的群众保持和谐一致。那么是不是说明我们也应该教育那些接受领导的群众做到公止无私？

有的领导者在追随者的心中播种仇恨，这和那个愚蠢的救蛇人有什么两样呢？他把冻僵的蛇带回家，蛇苏醒过来咬了他一口，要了他的性命。

一个人播种什么，就会收获什么。

因为古罗马暴君尼禄的肆意妄为，罗马处在一片火海之中。他确实统治着民众，但是他却不能和他的民众和睦相处，也无法公正对待自己的同胞。在他眼中，那样做毫无价值。

纵观历史，你可以找到很多极端的领导例子——用暴力、恫吓来领导的统治者，以及公平公正、获得追随者拥护的真正领袖。你会发现，那些压迫人民的统治者们昙花一现，很快被湮没在历史长河中。

从领袖和暴君采用的不同领导策略中，你将发现，世界的演化和历史的变迁给人类上了生动的一课！

《拿破仑·希尔黄金法则杂志》，1919年3月

第34章

　　我父母把乡下生活的价值观带到了城里。对于身心健康而言，这些原则蕴含着最伟大的智慧：干净的空气和水；春夏秋冬在户外进行的大量锻炼；新鲜应季的水果和蔬菜；以及休息、工作与玩乐的平衡。从小我们就受到熏陶，意识到造物主及万物的存在，并且内心充满对造物主和所有生命的深深尊敬和敬畏，这种情感支撑我们的精神，激发我们的活力；当身体的健康出现状况时，鼓励我们挺过一道道难关。对我而言，这些仍然是获得身心健康的最佳途径。

——琶茨·盖特里

法国心理学家Emil Coue，送给世界一个保持健康意识的简单法则。他建议我们每天重复这句话："身体的每个方面，每天越来越健康。"我喜欢用"地方"来替代"方面"因为这个词可以制造一点朗朗上口的音韵，便于记忆和重复，从而达到积极自我暗示的目的。一旦潜意识接收到这个信号并且做出行动，就会产生康复健康的效果。而相反的做法是告诉自己："如果认为你生病了，你就真的有病。"你会采取哪种自我暗示？

我们的头脑无法同时容纳这两种不同的暗示和思想。居支配地位的思想从根本上影响我们的潜意识、导致身不由己的行为以及细胞层面上的变化。如果我们还记得那句简单的话："重要的是思想"，我们就会明白：只要让我们的意识保持着积极的想法，我们就能够变成自己期望的那样。一旦积极的想法被编入程序，它就会进入我们潜意识的"硬盘"中，并且在我们清醒的现实世界中执行这个程序。记住，听从拿破仑·希尔的健康建议大有裨益。他有理有据地阐述了合理安排饮食的指导原则，一如既往又走到了时代的前面。

当你阅读下面的要点时，请扪心自问：在日常的饮食计划中你可以坚持哪些习惯？如果你要改换一种更健康的生活方式，为什么不考虑实施他的一些建议呢？这些提示简单易懂，而且富有成效。试一试又何妨？你不会损失什么东西。

饮食习惯

拿破仑·希尔博士

这个话题值得写一整本书，但是关于此话题的书有很多，所以我们这里将缩小范围，仅仅探讨几个简单的建议，对于所有希望享有健康身体的人而言，这些建议绝对是"不可或缺"的。

正确饮食之"必须"

1. 首先，一定不要饮食过度！它会加重心脏、肝脏、肾脏和排泄系统的负担。要遵守这个诫律有个简单方法：养成吃饱前就起身离开饭桌的好习惯。要养成这习惯有些难，但是一旦养成了就会给你带来不少好处，还有丰厚的回报——其中一项是省下一大笔看医生的费用。饮食过度是一种缺乏节制的放纵表现，可能其害处不亚于酗酒或者服用毒品（通常情况确实如此）。

2. 人们的饮食必须平衡，由恰当比例的水果蔬菜构成，因为水果蔬菜包含16种重要的矿物质成分，大自然需要用这些成分来强身健体、维持身体的运作。没有一种蔬菜能够包含所有的矿物质，所以为了给身体提供它需要的营养成分，人们必须吃大自然从土壤里生产出来的各种各样的食物。

同时，必须确保吃的蔬菜包含自然要求的所有矿物质成分，而这一点光看蔬菜的外表是保证不了的。

我们订购的健康食物必须产自经过分析化验确定包含所有矿物质成分的土壤中，大自然需要这些矿物质成分才能生产出健康食品。缺乏必要矿物质成分的食物在我们的消化道中会发酵腐烂，引起毒素中毒的状况。也就是说，矿物质成分缺乏的食物不仅不能给身体提供需要的矿物质、维持它的运作，实际上还会产生一种毒素，引发各种疾病。一些医生坦率承认：大多数疾病都是从消化道开始的，原因是消化不良。

3. 一定不要狼吞虎咽地吃东西，或是吃得太快。这样吃东西无法适当地咀嚼食物，同时也表明一种紧张的心态。这种紧张的情绪也会变成食物的一部分，被运送到血液中。

4. 三餐之间一定不要吃零嘴，比如糖果和其他甜品。如果正餐之间要吃点什么的话，应该是吃成熟的水果，浆果类或者生的蔬菜。最好完全避免在三餐之间吃东西。

5. 无论什么时候，酒精和其他酒精类饮料都在禁忌之列。

6. 假如不能吃到包含适当矿物质成分的新鲜蔬菜，那么这方面的不足应该通过复合维生素来补充。在大多数药店里都可以买到，但是在服用之前应该由一位合格医师对你进行彻底的身体检查，看看你缺乏什么类型的维生素，量是多少。维生素包含了植物中的健身成分。它们是所有植物的"elan vital"——生命之源。

在美国，也许没有一个人不需要时不时地补充复合维生素，或是某种维生素组合来补充饮食的需求。维生素在强身健体方面创造了许多奇迹。维生素A溶解肾结石；维生素B—1有助于听力障碍者；维生素G软化白内障；而维生素C帮助控制花粉热的症状，并且减轻关节炎的症状。

7. 最后一点但是也是重要的一点，必须调整好头脑的状态，为吃饭做准备。生气、恐惧或焦虑的时候不应该吃饭。吃饭时交谈的话题应该让人感到愉快，但是不要太激烈。家庭的争执和管教不要在餐桌上进行。斋戒应该是一种明确的礼拜仪式，进行斋戒时必须抛弃一切消极的思想。它应该是感恩的机会——感谢造物主为每个生命准备了如此丰富的生活必需品，而不是发牢骚、抱怨的时机。

《如何提高你的工资》，拿破仑·希尔联盟，

1953年，第257—278页

第35章

　　读完希尔博士的思想装备清单，我意识到我们的身体健康其实影响着生活的方方面面——就像那句话说的一样，"失去了健康，就失去了一切。"如果你身体不够强健，那么也很难有勇气面对困难。如果身体没有调整好，那么你也不可能有顽强的耐力面对挫折。

　　　　　　　　　　　　　　　　——克里斯托夫·雷克

希尔博士说："告诉我你怎么利用自己的闲暇时间，怎么花钱，我就能够告诉你10年以后你的地位，你的成就。"听了这句话，很多人畏缩不前，因为我们更愿意关注自己的优点，而不愿意面对自己的短处。

讲座的过程中，我让参与者们按照0—100给自己打分，衡量对十七项原则中每一项的使用程度。通常情况下，有五至八项原则得分很高，评分人十分肯定，在很大程度上他们确实使用了好多种成功法则。然后，我让他们圈出打分最低的项目，他们也能指出来好几项。当我问他们，是专注于自己的优点能取得更大的成功，还是在评分在50以下的项目上多下工夫能够有更好的结局时，他们悟出了些道理。大多数人一致认为，要想长久发展，与其锦上添花，不如磨练自己缺少的新技能。

说起时间和金钱的预算，总让人产生不好的联想。我们喜欢谈论丰裕和富足，而不喜欢预算，因为预算意味着不足。但是，假如我们换一副镜头来看生活，做预算其实是件好事，因为它让我们最大限度地利用资源、不浪费资源。浪费绝不是什么好事。浪费其实是忘恩负义的表现——对于上天给我们的恩赐缺少应有的感激。富足绝不应该成为浪费的托辞。

你是否没有善用一些必要的技能来开发自己的潜在天赋，结果浪费了自己的大好潜质？恒心，实践，个人的主动性，积极的心态以及确定的目标，这些都是整个成功体系的必要元素。如果你失败了，那么是不是因为没有把所有的成功要素都派上用场？正如我们要求孩子们必须先吃蔬菜然后才能吃甜点一样，对于成人，我们也要求他先兑现所有的成功要素然后才能得到奖赏。你必须付出，才能有所得！

思想设备清单

拿破仑·希尔博士

下面是一份清单，里面列出了成功人士拥有的优良品质，几乎所有正常的普通人都能练习来掌握它们。这个单子很长，你只有通过漫长的努力才能达到日臻完善的境界。因此，我们先把绝对必要的品质阐述清楚，以后再具体思考你希望自己的头脑和身体能做到什么事情。

1. 身体健康有着极其重大的意义，理由很简单——没有健康，头脑和身体都无法正常工作。因此，关注你的生活习惯，保持正确的饮食，进行健康锻炼，呼吸新鲜空气。

2. 勇气是各行各业成功人士的一个必然要素，尤其是在销售业。这个行业刚刚经历过萧条和失去信心的致命打击，还要面对激烈的竞争和考验。

3. 想像力是成功销售员的必要条件。他必须能够想象客户那一方的处境，甚至预料出他们会持怎样的反对意见。他必须有丰富的想像力，设身处地地站在客户的角度思考问题，理解客户的立场，需求和目标。他必须具备换位思考的能力。所有这些都需要真正的想像力。

4. 讲话。音调要令人愉悦。声调高、尖锐的声音使人烦躁不安；吞吞吐吐的话令人费解。吐字清晰，讲话清楚。声音太柔，透漏出一个人性格上的软弱。声音果敢坚定、干脆利落、叙述生动形象，说明你是个热切、有抱负、锐意进取的人。

5. 努力工作是将销售培训和自身能力转化为金钱的唯一途径。一个人拥有健康的身体，勇气和想像力却不投入到工作中，那么将一文不值；而且一个销售员的收入通常是由他实际的付出、工作的努力程度和聪明程度决定的。然而，在努力工作这个成功因素面前，很多人却采取了回避的态度。

《推销生涯》，拉尔斯顿出版公司，1955年，
第72—73页

第36章

　　不要再裹足不前。只要你所做的事是有建设性的，有创造性的，就应该全力以赴。不但要全力以赴，还要不惜一切代价。付出全部心血，全部努力；献出所有的热爱，还有你生命中的赤诚。行动起来，让梦想成真。和他人分享自我。

——杰克·伯兰德

　　每年秋天，那些紫茉莉、金盏花、牵牛花结出大量种子，多得让我不禁感到惊讶。我拿着一个盆子走出户外采集这些种子，一些留作春播，还有富余的种子送人。每朵花结的种子不仅足够繁衍后代，而且还有大量的富余，足够支撑到下个生长季节。

近期道安·格林和我在弗吉尼亚州夏洛蒂维尔举办了一次研讨会，在波尔斯海德酒店，我朗读了舍尔·斯尔沃斯坦的书《奉献树》。这个故事讲述一个小男孩和一棵大树的故事。大树很爱小男孩。男孩长大、成人、老去，他开始察觉到自己和树之间的真正关系。大树终其一生都在付出、付出、不停地付出，没有要求任何回报，它只在乎小男孩的感谢和陪伴。一次，小男孩想要钱，于是问大树："你能给我些钱吗？"大树回答说它没钱，但是有苹果，它愿意让男孩子摘下苹果卖钱。男孩子照做了，然后离开了一阵子。

道安听了这个故事，还有对不惜一切代价的种种诠释后，举手提问：为什么这个男孩子没有利用自己的开创精神，从苹果里取出种子播种，栽种个果园，这样不是每年都能采摘苹果了吗？我思索了他的问题，不得不承认，一个果园子产生的效益当然比只卖那一季苹果好。道安的话很有道理。有时候越明显的事物越容易被忽视，只要一点开创性的思维，我们就能变得更加自给自足！对啊，那些花种也可以不送人，可以卖钱啊！

杰克·伯兰德曾叙述道，一次他翻开瓦尔多·爱默生的文章，仔细研读这段文字："如果你尽心服侍的主人忘恩负义，那么加倍地付出。把上帝也记到账本上。每一次不幸的打击都将得到偿还。"无论动机如何，我们都不应该裹足不前，因为上苍会把我们付出的额外努力考虑进去，早晚有一天把复利的利息也全额补偿给你。这就是对你回报的承诺！基于这个原因，我们应该做更大的付出，不惜一切代价，日复一日，年复一年！与此同时，我们必须意识到，在问题的解决方法之外可能还潜伏着别的机遇。正如苹果里面隐藏着一个果园的梦想，每个问题中都埋藏着一颗幸运的种子，可以为我们带来更大的好处，等着我们破译其中的密码，等着我们发掘。所以，在这样的好处面前，还有什么好踌躇的？

无私付出的好处

拿破仑·希尔博士

付出的比得到的报酬多，可以带来这些优势：

1. 无私付出的习惯让人享受到回报法则带来的源源不断的好处，好处之多无法在此一一枚举。

2. 根据补偿法则这个习惯让你受益。因为补偿法则的存在，任何一个行为、任何一件事情都会带来一个对等的反应。

3. 这个习惯带给你生长，促进心智的发展，提高身体的娴熟技巧。（约束和使用你的身体和头脑可以达到高效和技能的目的，但是需要付出努力，而且可能暂时得不到回报。）

4. 这个习惯培养人的积极主动性。积极主动是个重要的因素，没有了它，不管在什么行业，任何人都无法超越平庸。

5. 它培养独立自主的精神，也是促成个人成就的一个基本要素。

6. 因为它，一个人可以通过对比法则获益，因为很明显，大多数人并没有无私付出的习惯。恰恰相反，他们只想做出最少程度的付出"勉强过关"。

7. 在它的帮助下，一个人可以克服无所事事的习惯，因此遏制那些导致失败的根本性恶习。

8. 毫无疑问，它帮助一个人树立明确目标，此乃个人成就的第一要素。

9. 它也非常有助于培养一个人的魅力个性，他可以凭借自身的魅力个性跟他人交往，并且赢得他们的友情与合作。

10. 它也让一个人在和他人的关系中利于不败之地，从而使自己占据举足轻重的地位，并因此确立自己贡献的价值。

11. 它保障了长久的就业机会，因此就生活必需品而言，不再有衣食住行之忧。

12. 要想不再为生计奔波，要想从平庸之辈中脱颖而出、飞黄腾达，无私付出是一切手段中最好、最实际的方法，因为一个人可以通过这个办法稳稳当当地坐上企业主或者行业翘楚这把交椅。

13. 它培养了敏锐的想像力。无论从事任何行业，一个人都可以通过这种想像力制定实用计划，实现自己的梦想和目标。

14. 它培养了积极的心态，而积极心态正是处理所有人类关系时非常根本、极为重要的品质。

15. 它有助于增强别人对自己的信任——信任你的正直和总体能力。无论做什么，这种信任都是取得杰出成就的基本要素。

16. 最后，这种习惯是自主自发的，没有必要征求任何他人的许可。

因为一个人无私付出而且不计报酬，得以养家糊口的同时又造福了其他人；而另一方面，作为对他无私付出的回报，他可以从上面的十六个方面明确受益。通过这种比较，你不能不得出这样的结论：他可以享受到的这么多好处都是对他无私付出而且不计报酬的最好补偿。这种比较证实了你的论断：其实，一个人的付出不可能超过所得，因为很明显，就在为他人付出的同时，他也神奇地得到了自己梦寐以求的东西。

《如何提高你的工资》，拿破仑·希尔联盟，

1953年，第120—122页

第37章

也许最有意义的决定就是确定你的主要人生目标，你的事业规划。如果你还从未做过类似决定，说明你是个凡人——大多数人都是如此，因为没人真正教过我们该怎么办。但是，如果你希望自己的未来有个明确的方向，就必须做好这个决定。

——吉姆·罗巴克

水银一旦从容器中逃逸，要想把它捡起来实在是件不容易的事；同样，真正的领袖人物也很难描述其特征。为什么这个人具有领袖的气质和魅力，而另一个人却是个残忍的暴君？到底是什么原因造成这样迥然的差别？你无法笼统地给领导进行归类，也不能用一个通用的标准来衡量。然而，对于那些渴望成为领导者的人而言，必须首先让群众的价值观和信念与他们想要完成的使命一致起来。我很喜欢背诵马林的一句话："能领导一个人，就能领导一群人；一个人也领导不了，就领导不了任何人。"这句话提醒我们要从根本做起！

如果你想成为一个领导者，首先你必须胸怀大志。你必须以激光束的准确性专注于自己想要成就的目标，而你的所作所为也将反过来激励那些志同道合的人。一旦你向众人宣告你的志向，他们要么会站成一排支持你，要么掉头走开。所以要确定好自己的方向。

下一步，从近处和远处审视你的志向。既要期盼那些能够很快完成的近期目标，也要展望未来的长期目标。两者都不可或缺。人们都是如此，又想现在取得进步，又不愿放弃对未来的幻想。如果你的计划能兼顾到眼前和十年后两方面的需求，那么它就是我所谈论的计划。

最后，不要在原则方面妥协。拿破仑·希尔提醒过我们，思想才是最重要的。而且有很多方法都可以证明思想在此时此刻的真实客观存在。一定要清楚自己前行的方向，但是不要为路途的曲折而烦恼，因为具体的做法远没有思想本身那么重要。

我们每一个人都可以培养优秀领导者的素质。想想拿破仑·希尔在下面列出的品质特征。每天研究一个。好好研读那些杰出领袖的传记，挖掘他们突出的领导特征。一旦有了可以参照的地图，你只需按图索骥即可。这个探索之旅将让你一马当先跨入未来！

成功领导者的品质

拿破仑·希尔博士

一个成功的领导者必须具备的品质中，个人的积极主动性首当其冲。概括起来，这些品质是：

◆ 个人的积极主动性。

◆ 目标明确。

◆ 干劲十足。为了实现确定的目标，坚持不懈，孜孜以求。

◆ 智囊团。从他们那里你可以获得力量，帮助你实现目标。

◆ 自力更生。视梦想的大小，对象而定。

◆ 自我约束。通过自我约束来控制头脑和心灵，不断激励自我，直至目标的实现。

◆ 抱着必胜的信心，持之以恒。

◆ 目标明确的，有节制的丰富想像力。

◆ 果断决策的习惯。

◆ 观点有理有据，而非凭空臆想。

◆ 无私付出的习惯。

◆ 把握好热情的张弛度，收放自如。

◆ 良好的细节感。

◆ 虚怀若谷，可以虚心接受批评。

◆ 了解人类行动的十大根本动机。

◆ 全神贯注，一心一意。

◆ 对于下属的过错，敢于担当的勇气。

◆ 承认他人的优点和能力，不嫉妒。

◆ 贯彻至终的积极心态。

◆ 对于任何工作和任务，勇于承担全责。

◆ 将信念落实到行动的能力。

◆ 对下属和同事耐心宽容。

◆ 一旦接手任务，就全程监督、负责到底的习惯。

◆ 任务完成得干净彻底，重质量不重速度。

◆ 值得信赖。这个品质对于成功有着非凡的意义。

　　不同的领域对领导者品质有不同的要求，但是上面列出的是所有杰出领导者必不可少的成功潜质。用这个清单来衡量一个成功的领导者，观察他的身上不经意间展现出哪些宝贵的品质。

《积极心态成功学》，第201—203页

第38章

如果你开始郑重考虑改换职业或者改变生活，那么行动起来，先试着改变你的心态。

——麦克·布鲁克斯

毋庸置疑，要经常维持一种积极的心态确实很难。生活中有沟沟坎坎，总有一天，我们会遭遇那些"坏"的事情。生活周而复始地循环，有时把人推向春风得意的高峰，有时让人坠入心灰意冷的低谷。从自然界的四季轮回中，从股市的跌宕起伏中，从生命体的循环中，从交织着幸福和不幸的生活中，我们都可以看到万事万物周而复始的变迁。没有了"坏"的东西，我们也就不会欣赏到"好"。要了解人类多么幸运、受到造物主的庇护和厚待，我们必须知道，假使没有上苍恩赐时的悲惨结局。希尔博士说过，"在每一个不幸、挫折、失败中，都埋藏着一颗幸运的种子——你的苦难有多深，你得到的幸福就有多大。"当我们用心领悟、寻找那颗幸运的种子时，就会发现无穷智慧赐予我们的是无价之宝。但是，为了得到这个无价之宝，我们必须首先敲开坚硬的外壳。

为了拥有积极的心态，首先我们应该培养感恩的心态。无论多么小的礼物，都心存感激地接受，那么当大的礼物现身时你才能更好地把握机会。夜晚，向宇宙表达感激之情，感激白天降临在你身上的美好事情。例如，你可以感谢吃饭时服侍在旁的那位友善的女侍者；感谢接种流感疫苗后获得的健康保障；感谢电灯伴你夜读；感谢朋友在你脆弱的时候发来的邮件或是打来的电话。现在我们看看具体的操作方法。列出白天收到的、值得你感谢的十个礼物，然后在睡前默念，对自己进行积极的心理暗示。我保证，如果你前一天晚上提醒自己是多么幸运，多么有天赋，那么第二天清晨醒来的时候你会以积极的心态迎接新一天的朝阳！

所以，要想长时间拥有积极心态、天天保持积极心态，需要坚持不懈的训练。积极心态并非遗传，也不是预先设定在我们的头脑里面，而是自我约束的结果。不好的消息是，你得自己安装"硬件"和"软件"；但是也有好消息：如果你随时记得在生活中运用它，那么它将陪伴你终生。

大自然的教诲

拿破仑·希尔博士

世界上的万物，有生命、无生命的，都由原子核构成。原子核是高速旋转的能量体，尽管通过显微镜的镜头也无法看到它的存在，可是它却有力量把具有类似性质的物质吸引过来，维系自己的存在。

还记得橡子和一捧土的故事吧。隐藏在橡子里面的是胚种细胞，它的原子核能够从周围的土壤、空气，水，阳光中吸取养分，供给橡树长大。

再举个玉米种子或麦种的例子；把它种在土里，根据成长和增长收益法则，它就会以种子为中心展开一系列的活动，从环境中吸收精确比例的化学成分，然后长出玉米秆，或者麦秆，再繁殖后代。

这些例子让我们真实地看清楚自我暗示对于头脑的影响力。通过有意识地重复表达一种愿望，你可以在你的潜意识中播种愿望的种子……可以通过情感的刺激为这颗种子提供营养……在信念阳光的照耀下种子开始发芽，从无穷智慧丰富的生命能量宝库中把实际的计划吸引到你这里来——最初的愿望发展成相应的客观现实。

因为种子与生俱来的生命力（思想或者愿望），种子可以成长，这一成长法则就是吸引法则的基础。每一颗种子本身都

隐藏着一棵完美的植物；而每一个宝贵的愿望都有梦想成真的
潜力。一颗种子要按照自己的本性生根发芽、结出果实，它必
须播种在肥沃的土壤中，必须有充足的营养和足够的阳光才能
让果实成熟，才能保证秋天的收获。

　　你的潜意识可以比喻成一个肥沃的花园，在这个花园里，
你可以播种心中确定的梦想，而你内心燃烧的渴望将最初的能
量传递给梦想的"原子核"中，让它生根、发芽，长大。现在
我们明白，你应该坚持不懈地执行计划，不断给潜意识进行积
极的提示，这样梦想的种子才能获取生长所需的营养，并且茁
壮成长。我们也知道了如何才能把无穷智慧的生命活力吸引过
来，帮助你实现内心的渴望。整个过程在你眼前一览无余。它
不是什么理论，而是得到论证的事实。你只要把它运用到自己
的目标上就好。

　　　　　　　《积极心态成功学》，第106—107页

第39章

不要小觑怨恨的力量。它可以暴露很多事情——自己的弱点，软肋，还有身不由己陷入的困境。但是一旦知道了所处的困境和自身的弱点，就应该放下怨恨，采取积极的行动战胜你的弱点，或者摆脱那个让你怨恨的局面，或者远离那个让你憎恨的人。

——艾丽·爱泼斯坦

作为人类，没有人是完美的。考验和磨难常常光顾我们的生活，稍不留神，或者木能以最积极的心态去应对时，很多人便丧失了对内心神圣力量（高我）的信心。然而，只要我们认定：在积极心态的鼓励下有能力做到最好，那么我们仍旧可以抖擞精神，从失败中振作起来东山再起。

积极和消极情感都会推动我们的行为，当希尔博士讲授消极和积极情感时，他注意到，这两者的驱动功能就像自动点火装置和火花塞一样。只要我们认识到，任何形式的消极情绪不是我们期望的结果，我们就能改变消极能量并为我所用。消极能量的转化——把消极情绪变为积极行动——是创造奇迹的关键。每个人都能够实现这个奇迹，非常简单，只要想象和思考积极的结果，就可以把它们变成生活中活生生的现实。我们的思想和信念体系发生了转变，心态也自然而然从消极转变为积极，从坏的思想和信念转变为好的思想和信念。这种转变要求我们进行有意识的思考，当你认识到操纵结果好坏的人是你自己时，你就有力量做出改变并制造出一个好的结果。

你感觉到力量的存在了吗？它就在那里。你应该认定这个道理：即便犯过一些"错误"、走过一些弯路也没关系，这些经历都是学习的机会，可以帮助我们调整自己的步伐和行进路线，最终走上那条通往梦想的光明大道。宇宙的二元性体现在一切事物中。没有黑暗就不会有光明。用你从这里学到的法宝成就完美的自我！

魔鬼的工场

拿破仑·希尔博士

除了六大根本恐惧之外，人们还得遭受一种邪恶的折磨。它提供了肥沃的土壤，让失败的种子疯长。因为很不起眼，人们经常察觉不到它的存在。把它称为恐惧不太恰当。它比其他六种恐惧更隐蔽，也更有杀伤力。因为没有恰当的名字来称呼这种邪恶，我们姑且把它称为：在消极影响力面前薄弱的意志。

凡是坐拥万贯财富的人，总是能够防止自己受到这个邪恶的干扰！而穷困潦倒、不名一文的人却无法摆脱！那些追求成功的人士必须武装自己的头脑，抵制邪恶的进攻。如果你抱着致富的目的阅读这个理念，你应该认真审视自己，判断你是否也容易受到消极因素的影响。假如忽略了对自己的剖析，那么你将丧失实现理想的权利。

…………

你可以轻易地防范高速公路上的劫匪，因为法律协助你保障你的权益，但是"第七项根本邪恶"对付起来要困难得多，因为它通常都是趁你睡觉，或者清醒时无意识的状态下突袭你。此外，它的武器是无形的，因为它只是一种心态。这种邪恶也很危险，因为它的攻击方式因人类生活经历的不同而千差万别。有时候，通过某个亲友说的一番充满好意的话语，它潜入你的头脑中；还有些时候，它从你的消极内心里钻出来，影响你的整个心态。它像毒药一样致命，一点点地耗尽你的生命。

无论这些消极的影响力是你一手造成的还是周围心态消极的人造成的，你要坚定信心：用持之以恒的坚强意志抵挡那些消极的影响，你可以筑起一座坚固的防护墙，把那些消极影响牢牢地挡在头脑之外。

《思考致富》，拜伦坦图书，1996年，第243—244页

第40章

　　早在2002年，我曾参加过在印第安纳州海蒙德的拿破仑·希尔世界学习中心举办的一场研习会，它改变了我的生活。在那样的学习环境中，根据我掌握的希尔博士成功哲学，我又一次对自我进行评价（我已经记不清楚这是第几次了）。我终于发现了自己的明确生活目标，虽然这么长时间以来我一直在断断续续地培养着自己的目标，但在这一刻前我却懵懂不知。

　　　　　　　　　　　　　　——约翰·司徒特

在经历一个重大挫折后，一个人最不想听到的话就是：挫折是暂时的，你可以拽着提靴带把自己拎起来！你有没有说过类似的话劝慰别人？这句话看起来似乎毫无意义。你怎么能真的拽着提靴带把自己拎起来呢？就算勉强能办到，地球重力的吸引也会阻止任何向上的运动。不信？你可以站在地板上尝试一下抓着鞋带（最接近提靴带的东西）把自己往上提。这个做法看似愚蠢，但是重要的是其中体现出来的百折不挠的思想——具体的办法不是最重要的。你拉断鞋带也无法把自己提起来，但是你会明白一个道理：只要你保持积极的心态，认定一个目标，你就能克服任何困难，至少可以笑对挫折。

在困难面前很多人刚开始会接二连三地失败，但是他们仍旧不停地尝试，直至摘下成功的桂冠。难道是困难低了头，不再挑战人的勇气和恒心？不是，发生变化的是人，是人最终对困难提出了挑战。真正让困难低头的，正是下一次尝试和努力。只要我们能够从失败中汲取珍贵的教训，我们就能一步步地迈向成功。

回想一下你是怎么学会走路，骑车，驾驶，跳舞，还有其他很多事的？绝不可能自然发生，你必须先经历一系列的失败和错误。你放弃了吗？没有。很简单，只需要下定决心，花时间练习，并且一遍又一遍地重复动作，直到你的潜意识接受这个习惯，并把它变成一个无意识的行为。

好好思考一下。给你的梦想留些成长、成熟的空间。要做最伟大的梦想！然后确定实现目标的方法和途径，它们将一步步地把你带到梦想的彼岸。到时候也许你会发现，自己竟然实现了最狂热的梦想。啊，这个结局多么美好！

跨越失败

拿破仑·希尔博士

这条规则存在着例外；有几个人从自己的亲身经历知道了持之以恒的重要性。他们从未将失败看作是永恒。正是因为他们持之以恒的渴望，失败最终变成了胜利。我们这些生活的旁观者亲眼目睹很多的人在失败中一蹶不振，再也没有抬起头。我们也看到，有极少数人把失败的惩罚看作加倍努力的动力。非常幸运的是，这些人没有在生活的逆境中沉沦。但是我们并不知道，在那些人和不幸与挫折奋勇抗争时出手相救的，竟然是沉默而不屈的恒心！大多数人都知道什么是恒心，却忽略了它的重要价值。我们都知道，如果一个人没有恒心毅力，他在任何方面都不可能有所建树。

写完这些话，我从工作中抬起头，看着矗立在一个街区以外的伟大的百老汇——人们既把它叫做"破灭希望的墓地"，也称呼它为"机会的前廊"。为了获得这里的名声、财富、权力、爱情和成功，全世界的人们都汇集到百老汇。经过长时间的寂寂无名后，有些人终于成功地征服了好莱坞，从寻梦者的队列中脱颖而出；但是好莱坞并不容易征服。只有在一个人拒绝放弃的时候，她才会承认他的才华，认可他的能力，并且给予丰厚的回报。

我们知道，那些成功者已经发现了征服好莱坞的秘诀，就是恒心——坚持不懈，永不言弃！

《思考致富》，拜伦坦图书，1996年，第155页

第41章

一切从你开始：你相信自己的价值，相信自己配得上成功的嘉奖吗？很多人不相信，所以他们一直在平庸中挣扎。你有没有对自己说过，和自己领域的佼佼者比较起来，"我很好……但是没有那么好。"这就是对自己缺乏信心的表现——不相信你能做到最好。

——吉姆·罗巴克

当你丧失了信念时，该去哪里找回信念？假如你能够给出圆满的回答，那么通往世界的道路就在你的家门前。在生活中需要信念支撑的时候，它却逃遁得无影无踪。家人的疾病或者亡故，失业，一场疾病，突如其来的消沉，金钱上的失败，无法实现的愿望，还有许多其他打击会让一个人产生怀疑，丧失之前对生活中的美好事物抱有的强烈信念。

恐惧和信念无法共存。你要么信心百倍，要么内心充满恐惧。一个是积极的信念，而另一个则是消极的。信念是不讲逻辑的，但是如果被落实到行动，信念就可以得到强化。落实到行动的信念会朝着信念的方向发展。这就是说，你"假装好像"自己期望的结果已经成为现实。不要让怀疑和不相信进入你的头脑，因为消极的念头会渗透入你的潜意识中，让恐惧钻空子、对你真心渴望的东西发起反攻。

如果你抱持贫穷的心态，那么你不会创造财富。如果你在结交友情方面缩手缩脚，那么你不会收获广泛的人际关系网带来的财富。如果你在工作上没有竭尽全力，总是有所保留，那么你的工作永远也不会给你带来成就感。如果你没有为他人效劳的心态、不愿无私付出，那么你不会得到他人的认可。如果你的头脑中想的是贫穷，那么你就会将贫穷吸引到自己的生活中来。

艺术家迈克尔·泰勒派瑞为我们创作了一幅表现实用信念的图画。

在讨论这幅图时，迈克尔指出走钢丝的人并没有平衡木帮助她维持平衡——相反，她的"高级自我"担当了这个责任。从图片中我们可以看到，她的"高级自我"提供了必要的信念支持，帮助她跨过沟壑。而且，假如她没信心能够走到另一端的话，也就根本不会做任何尝试。

同样的道理，生活中我们必须依赖自己的力量，鼓起信心走过人生的坎坷。人生中的挫折不是我们放弃信念的借口。我们应该根据当时的境况设想出可能发生的最好结果，然后果敢坚定、信心百倍地迈向我们的未来。这是拥有积极心态的人唯一的出路。

没人"注定"走厄运

拿破仑·希尔博士

从这句话中你能体味到，潜意识能将具有破坏性的消极念头转化为相应的客观现实；同样，它能毫不费力地把富有建设性的积极念头转变为相应的客观现实。这就解释了一个奇怪现象——为什么会有千百万人都经历体验过所谓的"不幸"或者"厄运"。

千百万人相信，因为他们认定自己无法掌控某个陌生力量，他们"注定"贫穷失败。其实他们才是自身"不幸"的始作俑者，因为这个消极的信念被潜意识接收到，并且转变成了和它对应的客观现实。

那么，此时此刻我们应该趁此机会提醒这些人：只要你把你的渴望传递给潜意识，并且期盼、相信你的渴望能够变成客观现实，你就能把它变成客观现实并从中受益。你的信心或者信念就是潜意识活动的决定因素。通过自我暗示给自己的潜意识下指令"欺骗"潜意识，任何人都可以做到而不会遭到阻拦。我就曾经用同样的方法"欺骗"了儿子的潜意识，让他相信自己的能力。

为了让"欺骗"显得更真实，当指挥自己的潜意识时，你的行为举止应该表现得好像已经实现了自己的梦想。

抱着美梦必然成真的信念给潜意识下达指令，潜意识都会通过最直接、最实际的途径把它们转变为相应的客观现实。

我们已经阐述了不少道理，告诉人们如何通过不停的试验和实践逐渐掌握把信念和发送给潜意识的指令巧妙地融合起来的技巧。只有实践才能日臻完美。纯粹的纸上谈兵不可能达到预期的效果。

你应该鼓励积极的念头和情感进驻你的大脑，而排斥、根除那些消极的念头和情感。积极情感控制下的头脑为信念提供了一个良好的居所。积极的头脑可以在恰当的时候给潜意识下指令，而潜意识接收后会立刻行动起来，把梦想变成现实！

《思考致富》，拜伦坦图书，1996年，第51—52页

第42章

违背别人的意愿非要给他建议，是一种自私的付出，这种现象很常见。通常它会伤害到接收建议者的自尊，而且破坏建议者和接收者之间的气氛。

——艾丽·爱泼斯坦

希尔博士的积极心态成功学课程给人们发送的本质信息是：付出产生回报。只有当两者之间的互动自然而然地进行时，这个过程才会产生良好的结果。开放心灵以迎接创造性的思想，允许个人的兴趣和才智得到充分发挥而不加阻拦、不横加指责，这样所有人都可以从中受益。我们并不清楚真正的解决之道；我们的方法也不一定是最佳方案。但是，给别人一个自由表达的机会而不横加指责，将会激发独特而有创造性的思想，并且有助于出谋划策。相反，如果因为指责而畏首畏尾，那么最好的想法也会被扼杀而无用武之地。

据说，无私付出、不计报酬的做法是通往成功的法宝。它和所有其他的基本成功法则相辅相成，因为它倡导帮人即利己的理念。神奇的是，通常无私付出带来的好处都出乎你的意料，而你自己的生活也会因此而变得更加富有——这简直令人难以置信。

你正在寻求更多回报吗？那么先付出吧。在《思考致富》里面，希尔博士阐述了这样的观点，"为了获得想要的财富，你必须先决定好打算付出什么"。他又补充说明道，世界上"没有不劳而获这回事"。在准备获得你的个人财富之前，先从付出开始。实际上，你必须付出才能有所得。这是个自然法则，遵循着无穷智慧创建的模式。不管我们喜欢与否，我们都应该把这个公式学以致用，然后从生活那里收获我们的梦想。

想一想付出吧。思考一下你能付出什么样的独特礼物。接着，把你的才华贡献出去，然后就能换取自己梦想中的生活。

付出才能收获

拿破仑·希尔博士

只有通过语言讲述给别人的事情，你才能够一直留在心中，保存在脑海中，它才真正属于你。你渴望记在脑海中的思想精华或智慧宝石，必须一再地讲给他人听，否则它们就会在紧要关头逃之夭夭。这里有一个简单的办法可以检验上面这句话的真实性。假如别人给你讲一个好听的故事，你觉得这个故事很有价值，应该拿出来跟别人分享。你知道吗，如果你没有马上转述给别人听，自己就会忘得一干二净？你知道吗，如果你讲给很多人听，你就不可能忘掉这个故事？

你也听说过这句话：舍比得好。用在这里实在是再贴切不过了，因为只有把它贡献出去，也就是说，必须跟他人分享，解释给他人听，再继续讲给更多的人听，才能真正理解正在钻研的这个问题。如果你只守着这个问题，就会忘记其中的一些微妙细节，而这些细节不定某个时候会决定你的事业成败。原则性的东西可以拿出来跟别人分享，但是不要透漏你的目的或计划的细节。我们劝告你，跟他人分享计划的细节时要万分谨慎，有些时候甚至要严守秘密。

给予是一种表达方式，也是一种生活状态。让我们读读这个故事吧，它可以很好地阐述这个观点。这个故事从布鲁斯·巴顿所著的一本书改编而来。

在巴勒斯坦有两个海。一个是加利利海，由淡水组成，里面生活着鱼类。

水面上树木的枝干伸展着，土壤里饥渴的树根蔓延着，从海水中吸取养分。天空俯瞰银色的海面，连基督也喜爱这个地方。而不远处起伏不平的平原上，居住着五千人口，以加利利海里的鱼类为生。约旦河汇集高山上流下来的清澈泉水，先注入加利利海，然后继续向南流动注入另一个海中。这个海里没有鱼儿的翻腾，没有摇曳的树叶，没有鸟儿的歌唱，没有孩子们的欢笑。除非事情紧急，不然旅行者们都会绕道而行。海面上的天空低垂，不管是人类、动物还是家禽都不敢喝海里的海水。

这两个海比邻而居，到底是什么造成了巨大的差异？不是因为约旦河。它把同样优质的河水注入两个海中。不是因为土壤有什么不同，跟所在的国家也没有任何关系。这些都不是原因，但是有一个重要的差别。加利利海接纳了约旦河的河水，却并没有把它据为己有；每流入一滴河水，就有一滴从加利利海里流出去，得到的和付出的量完全相等。而另外一个海是自私的，贪婪地把所有流入的河水囤积起来；每流入一滴河水，它都保留下来。如果说加利利海在得到的同时也在付出，那么死海则只进不出。它真的失去了生机。这个世界上有无私和自私两种不同的人——正如在巴勒斯坦有两个不同的海一样。

在追求财富与成功的过程中，你会发现自己需要两只手的协助。一只手伸向天空，接受无穷智慧的馈赠；而另一只手伸给别人，把你的东西拿出去分享，奉献给那些帮助你攀登成功巅峰的人们。没有人能够单枪匹马、不跟他人合作就取得瞩目的成就；自然，你也会认识到，必须先付出才能赢得他人的支持与合作。

《积极心态成功学》，教育版。第23—24页

第43章

不怕笑话，过去的我曾经是一个害羞、自卑、没有什么成就感，心态很糟糕的人——换句话说，那时我是个相当正常的年轻人。也许你会联想到你自己的经历，比如对未来的前景感到迷茫、困惑、恐惧、挫败和消沉。

——吉姆·罗巴克

从街上随便拉个人问他这个问题："谁受过良好的教育？"肯定会得到形形色色不同的回答。人们也许会把受过教育者描述为一个关心他人的人，学富五车的人，"上过学堂"的人，喜欢奉献的人，体谅别人的人，高尚的人，可信的人，甚至"高傲"的人，这个单子可以无休止地列下去。现在独自一人花上一刻钟的时间，把马上映入你脑海中的受过良好教育的人拥有的特征都写下来。然后，你试着给这些回答从最高分到最低分排出一个顺序。这是个有趣的任务，打分本身不是目的，但是这个过程能清楚地说明你的世界观以及你对教育相关特征的重视程度，并从中揭示出来一个本质问题：你为什么能够在事业或工作中成就你的梦想，或者为什么不能实现自己的人生目标。

你近来受到过经济的影响吗？你失过业吗？你成功地跳过槽吗？你能够迅速从容地实现工作的过渡吗？面对崭新的工作要求，你能驾轻就熟，如鱼得水吗？

如果这些问题正好切中你的要害，那么你该慎重地思考教育在塑造你的职业生涯中扮演的角色。教育为你提供的是一种工具，而你通过实践中的个人磨砺把它发展为技能。你展现的多面才华再加上工作上的良好表现，这两者就决定了你在职场的寿命以及雇用价值。这些因素都是教育的范畴。

教育也是多方面的。你可以通过实践经验得到教育，可以在学校里学到，或者通过选定一个项目、完成学习计划来获得教育。但是，你无法通过继承实现教育的目的！你必须付出艰苦的努力，然后运用自己的学识开拓出一片自我成长的新天地。

你的教育属于你，而且陪伴你终生。为什么不在自己身上多做些投资？做个终生的学习者，那么通过自己的综合投资，你获取的不仅仅是物质财富，还有很多其他的收益。为什么不好好思考如何致富？你非但没有损失什么，反而能赢得整个人生！

谁是受到良好教育的人?

拿破仑·希尔博士

只要付诸行动，井井有条的思想就能促成心智和心灵的成长。但是只依赖思想，一个人是无法实现心智和心灵成长的。必须用自愿的、明确的行为习惯来表达思想、把思想落实到行动，才能真正实现这个目标。

思想落实到有组织的行动、通过行动表现出来，就能培养出实在的能力。理论是能力的背景，然而还不足以确保成功。因此，大学毕业生必须获得实际经验才能真正变成一个有能力的人。理论学习是教育的根本基石，但是只是个基础而已。一个受过教育的人应该通过理论和实践的结合来开发他的头脑，这样他才能适应各种不同的环境，并一举两得——既可以满足自身的需求，又能圆满地完成交到手上的任务。

没有任何一个学校能够和那个古老但是优秀的"经验大学"相媲美。在这个学校里，"作弊"是不可能的。一个人要么成绩达标毕业，要么根本毕不了业，而那里的老师就是学生本人。在每个行业中，通过刻意培养的习惯就能达到协调，然后通过头脑官能和身体的协调配合就能培养出技能。但是，除非一个人有行动的意识，不然他永远也无法成为有组织的思想者。也许他从早到晚都在思考，但是却从没有成功地盖起一座桥梁，或者管理过一个企业，因为他没有养成这个习惯——用行动来检验他的理论。很多人欺骗自己说，他们就是有组织的思想者；我也曾听到很多人说："我一直在考虑做这件事，可是到目前为止还没有找到方法。"这类人的弱点就是他们遗漏了思想中的一个重要因素——实际的行动。明确目标必须落实为实际的行动。

如果一个人希望成就什么事，他应该从现在的起点出发。很多人说："我该用什么工具？我该从哪里获得必要的资金？谁能帮助我？"凡是取得傲人成就的人，通常不是等到万事俱备的时候才开始行动。就我而言也是如此。对于自己的任务，我从来没有做好百分之百的准备，而且我怀疑根本没什么人能够做到这一点。

《积极心态成功学》，教育版。第322—323页

第44章

象征体系可以是一个实在的符号，一种宗教信念，一种语言，一个简单的故事，甚至是拿破仑·希尔的十七项成功法则。象征体系帮助了许多人，甚至是许多国家从逆境中生存下来，无论是恶劣的监禁条件，还是漫长的流放岁月。

——尤瑞尔·"奇诺"·马蒂耐兹

你有没有过这样的经历，在聆听别人讲话时头脑中突然闪现出了一个想法，一个短语或是句子，一下子吸引了你的注意力？这个周六我就经历过类似的事情。我正在听一场布道，讲得是那些为世界做出杰出贡献的人。每次牧师开始讲述一个新故事时都会让听说这个人事迹的教堂会众举手示意。但是每次都没有人举手。然后，他又继续问，我们是否听说过一些媒体报道过的轰动新闻事件，这次所有人都举起了手。于是他用一句话清楚地阐述了自己的观点："绝不要让别人讲述你的故事。"他的意思是，在知道事情真相的情况下，我们所有人都必须时刻警惕，维护故事报道的准确性，并引以为傲。你有没有在这个方面犯过错？我有。

我们经常为了图方便，为了不给自己添麻烦而出卖了事实真相。当然我宁愿跟人打一架来换取事实真相，但是值得提醒的是，每次模棱两可的真相都是从一个个的小小谎言开始，最终排山倒海的虚假信息完全淹没了事实真相。人们怎么讲述我们的故事，我们真正做出了哪些贡献，我们每一个人都应该对此负责。因为胆小，害怕，迷信，丧失勇气还有千百个理由我们不敢讲述自己的故事，但是，这样做我们怎能获得心灵的平和？作为个体，只有知道自己为澄清事实真相尽了一份力，我们才能安心。

你做了什么样的好事？要勇于骄傲地告诉别人，这一份光荣属于你。不要让别人全盘否定，修改，甚至"擅自借用"你的贡献。人们总说，我们每个人只为自己的此生负责。对我而言，我希望，当我站在上帝面前接受最后的审判，我能够肯定地坦然回答，我做了哪些贡献；而且我相信自己有勇气把它们摊在光天化日之下接受检验而不用躲闪隐瞒。我们合力才能做的事，一个人是办不到的。因此，为了不偏离我们选择好的正确轨道，面对各种资讯时，一定要按照拿破仑·希尔的建议提出质疑："你怎么知道？"要求出具证据；如果没有，那么就形成自己的判断。对于你听说或读到的东西，如何评判它们的准确性？可以参考拿破仑·希尔的如下具体建议：

1.作者是该话题方面的公认权威吗？

2.写书时，除了透露具体信息外，作者还有其他动机吗？

3.作者是影响公众舆论的专业人士吗？

4.作者和他所写的东西有什么利益瓜葛？

5.对于所写的内容，作者是个明智清醒的判断者，还是头脑发热的狂热分子？

6.有没有什么现成的材料可以核对、证实该作者的言论？

7.作者的话是否符合人们的常识和经验？

遵循上面的指导原则，你会增强自己探索真相的决心，从而有勇气讲述属于你自己的故事！不要在你的生命故事中做个袖手旁观者。要一马当先。这么做绝对值得！

只有积极心态才能达到心灵的平和

拿破仑·希尔博士

生活中心灵的平和是人们孜孜以求的幸事。和所有珍贵的东西一样，你必须付出代价才能得到。而所需的代价就是持之以恒、始终如一的积极心态。如果你付出了这个代价，那么就会收获下面的幸福，而它们无一例外地可以带来心灵的宁静和平和：

◆ 免除了穷困之苦。

◆ 不再迷信。

◆ 没有任何恐惧和害怕。

◆ 不再目光短浅地想要"不劳而获"。

◆ 自己独立思考的习惯。

◆ 时常发自内心地自我反省：应该改变哪些性格特征。

◆ 培养足够的勇气和内心的诚实，现实地看待生活。

◆ 打消贪念，以及踩着别人的肩膀追逐权力的渴望。

◆ 帮助别人自助、自立。

◆ 承认这个事实：只要你学习恰当的使用方法，无穷智慧无所不在的力量将向你敞开大门。

◆ 不再为身后之事焦虑。

◆ 摆脱复仇的渴望。

◆ 处理任何人类关系时，不计报酬，无私付出。

◆ 认识镜子里面看不到的真实自我；了解你的本性，优点和能力。

◆ 不再灰心丧气。

◆ 从你的最高神圣目标思考问题的习惯。

◆ 在每个不幸、挫折中寻找幸运的种子。

◆ 阔步向前迎接生活，既不在困难、悲痛面前畏缩，也不在顺境、快乐中忘形。

◆ 从现有的起点出发，向你的梦想进军。

◆ 战胜那些微不足道的厄运，而不是成为它们的奴仆。

◆ 享受到做事的快乐，而不只想着占有。

◆ 让生活按照你的要求、根据你的价值回报你。

◆ 先付出、后收获的习惯。

◆ 从事自己选择、自己热爱的工作的特权。

使用积极心态，一个人就可以从平和宁静的心灵中收获这么多快乐。这些幸福让你相信：拥有积极心态的人从来不会庸常无为。而且，你会明显地察觉到，保持积极的心态必然也会庇护你在你选择的奋斗领域里获得成功。

《积极心态成功学》，第235—236页

第45章

当曾经的激动与欢欣变成了压力，你需要静下心来反省，我们希望你来基金会的新网站NapHill.org看看。

——克里斯托夫·雷克

拥有感恩的心态应该像刷牙一样成为习惯。假如我们必须停下来专门思考如何感恩的话，说明我们还没有把它融入我们内心神圣的高我之中。希尔博士告诉我们，既然我们承认宇宙习惯力法则以及它一贯的运作模式，那么我们应该让它在潜意识中发挥积极作用。通过在不同的境况下做出积极的选择，我们可以创造出一个积极的模式来培养恒久的习惯。这种模式就像密纹唱片上的凹槽一样，通过一遍遍的重复，我们把这些凹槽刻进我们的心智中，很快宇宙习惯力就会接收到，并让我们自动按照设定好的程序运行积极模式。经过一再重复，"实践出真知"。只要确保你一再练习、录制、编入程序的是（积极心态的）好习惯，坏习惯自然无法在你的潜意识中立足。

感恩是一种值得培养的好习惯。它帮助我们树立一种积极的心态。当我们有意识地转变心态，看到世界上美好的一面，那么消极的方面也就没那么让人泄气，失去了狰狞可怕的面目。事实是，我们想什么，自己就变成什么。只要我们想着积极的事情，我们的生活——无论起点如何，现在走到了哪一步——都会向积极的方面发展。每件事中都有好的方面，即使它只是给我们指明了正确方向。

这个季节里，把你搜寻的眼光投向那些值得赞美的事情上吧，把那些担心和抱怨全部抛到脑后。我们每个人生活中都会有太多的牵挂，假如我们听任消极念头发生"感染和腐烂"，那么这些担心会导致情绪的萎靡不振。为什么非要消沉呢？恰恰相反，你应该拨开让你忧心忡忡的事情表面，看见里面隐藏的希望火星儿，小心呵护和照看它，让它燃烧成灵感的火焰。不要扼杀你的希望。点燃一盏盏希望的心灯，驱散内心的黑暗。这就是你面临的选择——看见光明与希望，还是黑暗与死亡。你来决定。

在这个感恩的季节里，让我们呼吁大家行动起来吧。不要只是抱着美好的愿望空想，而是每天都有一点表示，做出一点行动给他人带去欢乐，并且养成良好的习惯。这样做并不需要花费什么。对需要激励的人说些鼓励、赞美的话，这就是你送出的无价之宝，花多少钱都买不到。给某人打个电话，问候他过得怎么样；抽出时间和心爱的人在一起；或者在节日盛宴后负责打扫清场，这些都是举手之劳，不用花你一分钱。每天都做些什么事，坚持一个月后你就可以把积极心态刻录在头脑的唱片上，这样感恩的心态会一直保留下去。

你将从中获得最大的益处，因为你的态度越来越积极乐观，而且能够保持下去。这才是你送给自己的无价之宝。同时在宇宙习惯力法则的作用下，你会源源不断地得到收获。要善待自己——先付出，然后再接受祝福。你所有的牺牲和奉献都是值得的。

每天感恩

拿破仑·希尔博士

很多成功人士声称，他们是"白手起家"的。但是事实上没有人能够不借助任何外力就抵达成功的巅峰。一旦你设定了确定的成功目标，并且采取行动去实现它，那么你就会发现很多人都向你伸出了援助之手。你的同胞在帮助你，上苍也在庇护你，你应该对此表示感恩。

感恩是个美丽的词语。它的美丽之处就在于它描述了一种心态，它具有深刻的精神本质。它增强一个人的个性魅力；它是一把万能钥匙，能够打开无穷智慧的魔法之门，揭开无穷智慧的美丽面纱。就像其他令人愉悦的个性特征一样，感恩只是个习惯的问题。但是它更是一种心态。如果你没有真诚地感受到发自内心的感激，那么你的感谢之词听起来也会空洞乏力——跟你假装出来的情感一样虚伪。

感恩和优雅是相随相伴的至亲。有意识地培养感恩的心态，你的个性也会变得更加彬彬有礼，尊贵而典雅。每一天都要花几分钟的时间为你得到的幸福感恩。记住，感恩是种比较——把眼下的事情和状况跟它们可能的情形相比。你会认识到，不管现在事情多么糟糕，它们原本有可能更不可收拾，但是最糟糕的没有发生，因此你应该心怀感激。

每天你应该频繁挂在嘴边的三句话是："谢谢你""感谢你……""我感激……"

要细心思索。努力找到一些新颖别致的表达方法，但并不一定是用实在的东西表示感谢。时间和精力比礼物还宝贵，你在这两方面多花些心思会更有价值。

不要忘记对身边的人表示感激——你的妻子或丈夫、其他亲人，还有每天打交道的人，因为你通常会忽略他们。很可能你亏欠他们的更多，只不过自己还没意识到这个事实。

大声说出来的时候，感激被赋予了全新的意义——新的生命力和活力。你的家人也许知道，你感谢他们对你的信任和希望，但是一定要说出来！而且要经常说！你会发现，你的家庭将洋溢着新的活力与热情！

也要创造性地表达你的感激之情，而这份感激也能为你创造奇迹。举个例子，你有没有想过给老板写个便条，告诉他你多么热爱自己的工作，而且多么感激这个工作给你提供的机会？这种创造性的感激之词能产生惊人的效果——让老板注意到你，甚至还会给你升迁的机会！感激是有传染性的。说不定他也会被你感染，并且反过来找些具体的方法感谢你的尽心尽力。

记住，生活中总是有值得感谢的事物。你甚至应该感谢那个拒绝你推销的客户，因为他花时间倾听了你的介绍后，下次购买的可能性就大大增加。

感恩不会耗费你一文钱，却是对未来最有价值的投资。

《成功无极限》，1961年11月，第27—28页

第46章

我们经常会发现自己陷入被动的局面之中。我们生长的家庭，社会，文化都不是我们所能左右的。但是即便如此，希尔博士为我们提供了一种乐观的哲学理念——人类有能力通过驾驭他们富有创造性的头脑为自己开创更美好的生活，这是人类跟其他万物的根本区别。

——艾丽·爱泼斯坦

没有人无所不能，但是每个人却可以怀着自豪和赤诚做些小事情。有时候，手头的任务如此艰巨，会让人望而生畏。这时，很多人会愣在原地，既解决不了问题也无法改善局面，不知如何是好。举些相关的例子，有的人在面对一个欠付的账单，清理冰箱，或者某个棘手的任务时望而却步。这些事情各有不同，但是性质完全一样，因为这些人都有一个共同的特征——拖着不敢行动。不采取任何行动通常会导致问题的恶化，而不会促使问题的解决。

有多少次，别人告诉你说某件事办不到？他们絮絮叨叨地解释为什么那件事办不到或者不可能实现。仅仅听别人这么唠叨就会把你"能做到"的昂扬斗志拽进绝望的泥潭。希尔的信念是"拽着你的提靴带把自己拎起来"，如果你不一边行动一边专心寻找能够实现目标的方法，那么生活中你永远也无法体验到希尔博士预见到的积极成效和结果。纵览希尔博士的文集，我们看到的都是积极行动的字眼，而不是反抗或者不行动。行动可以带来我们生活不同的结果，而只想不做或者光质疑而不行动的做法却成就不了任何事情。通往成功的每一步都很关键，只有敢于抓住梦想尾巴的人才有可能实现梦想。

你在追逐什么样的梦想？今天，现在就要下定决心，抓住梦想，并且决定如何浇灌你的梦想，让它成长。然后你把它存放在内心的信念中，那里也收藏着现在和味蕾的所有梦想。不要拖延，马上清除实现梦想的一切障碍。这时你将看到，你的自信心之大足以成就你的任何梦想！

一个劝告

拿破仑·希尔博士

　　除了智囊团，一定要保守秘密，不要泄漏你的梦想以及实现梦想的计划。原因有两个方面：

　　1. 如果把你的梦想和计划随意地告诉给别人，那些怀着消极心态的人们会百般阻挠你前进的脚步，或者挫伤你的积极性，浇灭你实现梦想的愿望。

　　2. 过多地讨论你的人生梦想有可能消耗你的渴望和激情，让你无法实现目标。

　　这两个方面中任何一个都会摧毁你的满腔热情，甚至威慑你，阻挠你，并最终破坏你的人生梦想。

　　宇宙习惯力法则会通过人类头脑的潜意识来运作。就我们所知，宇宙习惯力法则是绝对中立的；它可以轻易地接受并执行一个消极的模式，同时也可以轻易地接受并执行积极的模式。如果你允许恐惧霸占了你的头脑，那么它会遮住梦想的华光。

　　之所以强调这一点，是因为人们总是津津乐道于自己将来的打算，普遍倾向于夸大他们对未来的无上热忱。但是，我们建议，你还是等这些抱负已经实现、不再是空洞的语言后再畅谈自己的抱负与梦想吧。

　　一句劝告：不要犯这样的错误——因为你对这些原则不甚了解而怀疑它们的合理性。只要按照指导的做，你使用的方法跟那些伟大的领导人物采纳的方法其实别无二致。这些指导原则不需要你花费多大的气力；它们对你的能力提出的要求一般人都能达到。

　　　　　　　　　　　　　　《积极心态成功学》，第500页

第47章

要掌握希尔成功哲学理念的核心，必须理解积极心态的内涵。所谓的积极心态，就是通过潜意识这个渠道用积极的思考能量来思考我们作为人类的任务和使命，无论你干什么，工作，爱好，处理人际关系或者娱乐。人们必须时常展望自己的远期目标，并和现在的状态相比较。在富有挑战性的目标面前，假如没有一种积极向上心态的内在激励，那么他们通常会在消极的心态中迷失方向。

——杰克·肯尼迪

苏珊·L.泰勒说过一句话和拿破仑·希尔的观点遥相呼应："头脑是个多产的作家。你相信的东西，你采取的行动，这些东西就构成了你的生活。我们的意识中想过的，现实中做过的，构成了我们当下的生活面貌。"

根据希尔的理念，自然用来创造万物所需要的东西是时间、空间、能量、物质和智慧。他说，"那个法则支配着在时间和空间两个维度里地球的轨道运转运动，并且将地球和其他行星相互关联起来；而正是同一个法则，完全遵循人类自己思想的本质特征将他们相互联系起来。"

这种对宇宙的阐述提醒我们，我们所处的体系有着自己一贯的运作规则，不受外界因素的干扰，尽管我们对其中的奥妙仍然不甚明了，但是我们仍可以使用自然法则来协助自己走向成功的阳光大道。如果我们遵循造物主确立的普遍模式，那么自然的根本原则可以指导我们实现人生的使命，并且帮助我们简化这个过程。希尔博士持之以恒地工作、研究，努力揭开这些法则的真正面纱，然后用实在、通俗的语言讲述给人们听，有了他的这些前期工作，那些痴迷于成功与财富奥秘的人们就省去了不少麻烦和气力。

每个人的人生旅途走到尽头的时候，就是我们凡俗使命的高潮。有些人相信，自己肩负着一个神圣的使命来到了人世，那么对他们而言，希尔博士的经典著作《思考致富》以及《成功法则》就是人生之旅的指南。虽然地图并不是版图本身，却能帮助我们对自己的生命旅途有个大致的了解。生活的平和与协调来自于人们对生命循环的理解。正如菜谱一样，假如你研读得非常仔细，买来的配料正确，并且遵循一步步的说明，那么你就可以做出一盘美妙的菜肴。生活是一门创造性的艺术。做个梦想家吧，你也可以端出一桌人生的盛宴！

无极限

拿破仑·希尔博士

头脑的能量是没有极限的，除非一个人给他自己画地为牢，除非受到外界因素的影响，让别人给你的思想套上枷锁。

真的，凡是头脑能够想象出来的、相信的东西，头脑都可以把它们变成现实！

要好好地研究上面这句话的三个关键词，因为它们代表了本章所有内容的精华。

如果你运用本章中提到的驾驭头脑的方法，那么成功的大小将很大程度上取决于你使用时的心态。如果你相信你可以得到圆满结局，你就真的能够美梦成真。

你给自己的潜意识下指令时，指令中的话语其实专门针对你的目标而来，通过不停地祈祷不停地重复这句话，你可以加快成功的步伐，因为你把虔诚信念的全部力量都转移到了指令中。

信念这个词象征着一种合乎情理的无穷力量。在各行各业取得了骄人成就的佼佼者中，我们可以看到坚定信念的激励，找到坚定信念的证据。

托马斯·A.爱迪生相信，他能把白炽灯做得更好，这个信念支撑着他熬过了一万次失败的挫折，最终成功地找到了梦寐以求的解决方法。

马可尼相信，不使用电线只借助于大气就可以传送声波，这个信念支撑着他熬过了无数次失败的挫折，最终获得成功的回报——从他手中诞生了世界上第一个无线电报通讯工具。

哥伦布相信，他能够在大西洋中人迹罕至的地方找到陆地，于是他矢志不渝地航行，直到最后真的找到了美洲。即便途中水手叛变的威胁也没能改变他的初衷，因为那些水手们没有他的不屈信念。

舒曼·汉克夫人相信，她能够成为一个伟大的歌剧演唱家。但是她的歌唱老师却建议她去踩缝纫机，当个乐天知命的缝纫女工。她的信念为她带来了成功的回报。

海伦·凯勒相信，虽然丧失了听觉、视觉和听觉，但她能学着讲话。在信念的支撑下，她学会了说话，成为身残志坚的楷模，她用亲身经历激励那些因为身体残障而绝望、想要放弃的人们。

亨利·福特相信，他能制造一辆不用马拉、费用低廉、交通便捷的汽车。虽然被人称为"疯子"，虽然整个世界都在质

疑，他凭借自己的不屈信念制造出了汽车，行销全世界，并且
一举富甲天下。

　　玛丽·居里夫人相信，自然界存在着镭元素，并肩负起
找到镭的艰巨使命。虽然没有人看到过镭，也没有人知道该
从何处着手寻找，但是她的信念最后揭开了这种稀有金属的
神秘面纱。

《你可以创造自己的奇迹》，拜伦坦图书，

1971年，第144—146页

第48章

最幸福的是，他以后的时间完全属于他自己，而且所有曾经受过的伤害都将得到补偿！

——查尔斯·狄更斯

这个假期我非常幸运，有人给了我门票请我听当地交响乐团的表演。他们演奏了应景的乐曲，甚至圣诞老人也如期而至。在"绿袖子"乐曲的温馨伴奏下，圣诞老人和指挥朗读当地孩子们的信。一些信让人心情愉快，一些信让人感动落泪，一些信发人深省。不过每封信都遵照同样的圣诞愿望格式，回答了下面的问题：

1. 我希望自己怎么样；

2. 我希望我的家人怎么样；

3. 我希望世界怎么样。

当我听圣诞老人读信的时候，我自己一直在反思这些问题。那些对世界抱着万丈豪情的孩子们，对他们的家人和自己也怀着远大的志向。这不足为怪，无论年纪有多大，如果我们心中承载着对世界的远大抱负，那么我们对个人的期望也会应运而生，进而影响改变周遭的世界。可不知什么原因，如果把这个顺序颠倒过来，我们的愿景更有可能实现。从小处着手，一步一个脚印，这样即便是最宏伟的目标也可以如期实现。

为什么不抽出一点时间，认真回答圣诞老人提出的问题呢？确定好努力的目标后，先回答第三个问题。大多数人会回答说：我们想要世界和平。假如你真的这么想，也许接下来你应该思考此时此地你能做些什么事让你的家庭更美满更和睦。这不是个"愿望"清单，而是个"行动"清单。今天你打算做些什么来促进家庭的美满和睦？还有一项，你希望自己怎么样？一屋不扫，何以扫天下，一定要先把你自己的世界理出头绪来，然后再担当起帮助别人的责任。齐家，治国，平天下就是这个道理。你希望有什么变化，首先自己要做到，然后用你的行动说话，此时无声胜有声。让你的行动影响别人、说服别人吧！

我最喜欢的一个作家是查尔斯·狄更斯，他创作出了那个著名的圣诞节的反面角色——一毛不拔的吝啬鬼斯克鲁基。除了斯克鲁基，还有谁能淋漓尽致地表现出因为个人的反省和立即行动带来的脱胎换骨的变化？现在，改造自己性格中你不喜欢的那部分，并且把改造的任务当作你的使命吧。先从自己内心的缺点开始，那么展现在外面的自我也会很快发生巨大的改变。

帮助他人，就是帮助自己

拿破仑·希尔博士

确保你在人生中取得成功的一个法宝是帮助别人实现他们的梦想。几乎所有人都会给那些不幸的穷人捐钱，但是一个真正富有的人可以把自己奉献出去，奉献出自己的时间和精力来成全别人的利益。这么做的同时，无形中你的财富也会大大增加。

费城的商界大亨约翰·瓦纳梅克曾经说过，最有利可图的习惯是"在出人意料的地方帮助他人"。《女士家庭期刊》的总编辑爱德华·博克说过，他正是通过"让自己对别人有价值，而不考虑得到什么回报"的做法一举脱离了贫困的泥潭，跻身富豪的行列。

花些气力帮助别人

为他人付出自己的时间和精力需要有意识的努力。你不可能简单地说："好吧，我愿意帮助任何需要帮忙的人。"却没有任何实际行动。你必须制定一个富有创造性的计划来为你的同胞效劳。

也许，这里一些实实在在的事例可以拿来做借鉴，让你既能帮助别人又能赢得朋友。

比如，在一个东部城市曾经有个商人，他借助于一个非常简单的方法成功地开创出一条生财之道。每隔一个钟头左右，他的一个店员就会来回巡视一下商店附近的停车计时器。

当店员看到计时器上"时间到"的标志时，就往投币孔里投入一个便士，然后在车玻璃上贴张便条告诉车主，本商店的店主很乐意帮忙他缴费，免除他被开罚单的麻烦。结果，很多车主特意走进店里感谢店主，而且还会留在店里买东西。

波士顿一家大规模男士用品店的店主总是在卖出的每件衣服口袋里放一张印刷精美的卡片，上面用文字告诉顾客如果他对衣服感到满意，那么六个月后可以凭卡片返回店里换取一个自己喜欢的领带。自然而然，顾客们经常会怀着满意的心情返回到店里——同时为下一次销售带来了生意。

纽约市银行家信托公司薪酬最高的女雇员在职业生涯的初期主动提出不要报酬地工作三个月，目的就是为了证明她在行政管理方面具有的能力。巴特勒·斯托克在俄亥俄州立监狱服刑的时候无偿付出了那么多，结果抵消了因伪造罪被判20年的刑期。斯托克当时组织开办了一个函授学校，向一千多名犯人无偿开设了各种各样的课程，无论犯人自己还是政府都不用掏腰包。他甚至还说服了国际函授学校捐赠些教科书。他的事迹很快得到了广泛的关注，结果为了回报斯托克的贡献，他获得了赦免，赢得了自由。

对你自己的能力和能量进行评估。谁需要你的帮助？你该怎样帮助他们？不需要花费金钱，需要的只是聪明才智以及强烈、真诚地服务他人的愿望。帮助他人解决他们的问题，你的问题也将迎刃而解。

《思考致富信函》，1993年9月，第4页

第49章

　　虽然我们不明白为什么事情是那个样子，但是随着时间的推移，耐心、理解还有最重要的信念让我们逐渐明白，任何事情在那个特定的时间和地点发生都是有理由的。"时间公正不阿，总是保存着那颗埋藏在不幸里面的，和不幸同等大小的幸运的种子。"希尔博士说，"从下一次新的不幸中寻找那颗种子，现在就是最好的时机。"

　　　　　　　　　　　　　　　　　　——圣诞老人

　　祈祷时，我们最渴望的东西通常并不会出现在我们的生活中。因为祈祷得到一个具体的东西却不能如愿，我们会变得沮丧。但是真实情况是，为了实现我们的最大利益，另外一个计划正在悄然展开。我们祈祷获得某个特定的结果时，实际上却限制了收获更多礼物的可能性。比如，一个孩子收到了一本书而不是他想要的最新版本的电子游戏，他的失望是不言而喻的。假如人们能够了解真相的话，其实书本更能对一个人以后的生活产生积极的影响。当我们敞开心胸，迎接宇宙可能提供给我们的种种可能，那么我们的思想变得更宽广更深邃。反过来，当我们指定自己想要的东西，那么无意识之中我们潜在的收获会减少。

祈祷具有非凡的力量，是因为它使用的话语——我们用这些话向神圣力量提出我们的请求。在这个你来我往、互赠礼物的季节里，很多人准备了一个"愿望清单"，详细列出了自己想要收到的礼物。这个礼物可能不是什么电子游戏，手机，或者DVD，而是可以满足我们需求的特殊礼物。假如收到的不是这个特定的礼物，我们就会感到失望。

那么，我们现在是不是应该扪心自问，礼物的质量难道比赠与礼物的行为本身还要重要吗？假如礼物不符合我们的期望，那么送礼物的人的一番好意也被辜负了。要抱着一颗良善之心，心甘情愿地接受别人赠与的任何礼物，不要表现出失望。

希尔博士写关于宇宙习惯力的文章时曾经这么阐述道：

人类头脑的力量实在是异乎寻常，无法估量。人们唯一能够知道的无法辩驳的事实就是：每个个体的思想都只是无穷智慧的冰山一角，每个个体的思想都来源于那个智慧的海洋。在无穷智慧力量的作用下，日月盈昃，辰宿列张；在无穷智慧力量的作用下，物质中无穷小的原子紧密结合在一起。不要忘记另外一个重要的事实：思想投影机想要投射出什么模式（积极或消极）的思想能量，就能塑造出那种模式的思想能量；而且我们确定，只要这种模式非常明确，而且一直得到坚持不懈信念的激励，这种模式就可以通过现有的资源在现实中复制自己，制造出一个相应的客观现实。

希尔博士让我们相信，我们思想中相信的东西，早晚有一天会变成现实，等着我们开门迎接。这就像圣诞老人每年的圣诞前夜总会如期而至，给我们带来礼物一样。仔细思考一下，今年你的愿望是什么，因为你可能会收到这个礼物。心向着至高无上的善，把你自己交给宇宙来安排。你会享受这次通往梦想的旅程！

机会

拿破仑·希尔博士

纵观世界的历史，没有哪个时期的人们能够像现在一样享受到这么多机会。

我们知道，人类之所以有自身的局限性，就是因为他们自己缺乏自信，缺乏对同胞的信念。

过去的二十年里，自然向人类揭开了她的秘密，向人类证明：只要我们学着对自己抱有很高的期望，那么我们就可以达到那么高的成就。

人们一直教育我们，冲突、竞争和复仇是愚蠢的行径，而携手合作是美德。世界大战给我们的教训是，当人类参与到任何破坏性的事件时，没有所谓的赢家，胜者也是败将。

学到了这些伟大的教训后，我们现在面临着一个伟大的机遇——把我们过去曾经积累的所有经验和教训灌输到后代的头脑中，从而让这些经验教训成为他们的生活理念，引导他们爬上成功的巅峰，让世界拜倒在他们的成就面前。

通过奋斗、挣扎和试验学到的经验之谈，就是我们能够传给下一代的最大财富。世界等待着学校、教堂和公共出版业这三大传播业的精英们冲锋在前，将这些具有重大意义的教训根植到年轻一代的头脑中，这是个千载难逢的好机会。

经过过去七年的动荡不安、冲突和纷争的洗礼之后，人们的心灵变得更强大。有了这种强大心灵的依托，凡是看到了机遇、勇于把握、积极争取的人都可以一步登天，获得财富和名望。

原则高于金钱，人类高于个体——这个珍贵的教训应该传授给我们的子孙后代，让我们大家共同捍卫这个目标，并且为了这个目标的实现奉献出自己的一份力量。

《拿破仑·希尔杂志》，1922年1月，第1卷8期

第50章

专注于你的目标，做正确的事，不要浪费你的
时间去取悦别人，或者实现他们对你抱有的期望。
因为一旦到了紧要关头，你还得靠自己。

——艾丽·爱泼斯坦

我一直保留着回首一年、总结经验教训的老习惯，这里很乐
于把自己的年终反思贡献出来跟大家分享。

第一，要知道这一点，漆黑的夜晚总会过去，第二天太阳照
样升起。要准备好迎接日出的那一刻。

第二，记住，造物主是宽厚仁慈的。上苍赐给你种种厚爱，
有的却被你视若无睹，今天试着在生命中找到那些曾经被忽略的

幸福吧。一朵精致的小花，清爽的微风，夜空中闪烁的星星，散发清香的松树，呼噜呼噜的老猫，熊熊燃烧的篝火，新换的床单和枕套，提神的饮料，以及上苍赋予你观察、欣赏世界缤纷绚烂美的能力。

第三，活在当下。生活就是一个个当下组成的，我们应该关注当下。现在是我们能够拥有、把握的东西。渴望回到过去，或者担忧未来都是毫无意义的做法。

第四，珍惜相聚和分离。相聚时难别亦难，所以要珍视相聚和别离的时刻。

第五，即便不喜欢突如其来的变化，也要欢迎它的光临。要知道，有可能你迎接的是"天使"。变化是永恒的，所以要学会跟变化交朋友。

第六，接纳你真实的面目。这个世界上没有人跟你一模一样，只有一个你，而且你是为了某个神圣的使命来到人世间。

第七，虽然任务很平凡，也要学着热爱它。通过不断重复来磨砺你的技能，总有一天你的光芒和天上的繁星一样耀眼。

第八，让他人讲话，你只需静静地倾听。对于自我控制和个人发展而言，这是个很好的训练方法。

第九，接纳无法避免的事情，因为很多事情都是避免不了的。

第十，每天向上苍表示感激，因为它的恩赐，你的熟人、朋友还有心爱的人走进你的生命中，他们是你的无价之宝。

第十一，记住下面这句话："不要让任何事情干扰你；不要让任何事情吓倒你。一切事物都在变化中。只有上帝是不变的。耐心可以成就一切美德。"（圣·特瑞萨修女）

还有，让亨利·德拉蒙德说过的一句话指引我们的每一天：

在这个世界上我只有一次生命。因此，只要我能够为别人做些善事，或者表达我的友善，就让我现在做吧。别让我忽视，别让我胆怯，因为我的生命只有一次，不能再回头。

1921年的教诲

拿破仑·希尔博士

每年我们应该对生活做一次反省，看看我们又收获了哪些有用的知识。

在对去年经历的反思中，我发现可以从中借鉴许多教训，也发现了未来的方向。1921年给我上的珍贵一课中，我学到了这些东西：

第一，更多、更好地服务他人却不计较得失，反而让你收获更大的回报。

第二，毁灭者也是自毁者，因为毁灭性的行为通常会产生反作用力。

第三，不管骗子骗人的手段多么高明，只有内心公正的人，时间才是他的朋友；而内心不公的人，时间是他的敌人。

第四，本质上，有果必有因，有因必有果。

第五，物以类聚。正如一个人播种了蓟，就不可能收获苜蓿；如果一个人的头脑里面充斥着自私、恐惧和失败的念头，那么他不可能取得成功。

第六，黄金法则比黄金更宝贵。

第七，只有帮助他人找到了幸福，幸福才会降临到你的头上。

面对着来年的工作，我的心中升腾起对成功哲学的崭新信心与希望；而且，我深信，付出了多少，我就能从生活中收获多少。

《拿破仑·希尔杂志》，1922年1月，第1卷8期

第51章

想到年老体衰的那一天，我认识到，我是谁这个问题跟我的年龄、健康状况甚至身体根本没有什么关系。我已经融入了永恒。

——凯伦·拉尔森

为了迎接新的一年，很多人会进行一场大扫除——清扫我们外部的（物质存在的）家园和内部的（心灵）家园。清理那些零七碎八的东西很难办，因为那些包含着过去无尽回忆的物品总是让我们情感上依依不舍。有时候，一些物品已经没有了使用价值，把它们从收藏中拣出来扔掉，并且忘却过去的回忆没什么难办的；但是还有些时候，这些东西很难割舍，扔掉的话甚至给我们带来情感上的创伤。如何才能把这个过程变得更容易些，不让那些凌乱的东西控制我们的生活？

也许，给它们找个"合法"主人，找个恰当的收容所，我们就能够腾出来一些宝贵的空间。几年前，我的一个朋友搬家到意大利，她不得不处理掉家里面的很多物品。既然不可能在搬家的时候一块带走，于是她决心为她的那些宝贝找个家。

她这么问她的朋友和同事们："这个东西属于你吗？"她不是问那个人是不是丢了东西，或者东西是否放错了地方，而是在问这个东西能否在他们家里派上用场。如果有用，她就把东西送给他。直到今天，我在使用她赠送的物品时还记得她的慷慨大方。赠人玫瑰，手留余香啊！

为什么不扪心自问，现在你拥有的哪些东西可以赠送给别人，可以马上派上用场？你还保存着那些很久不穿的衣服，读过的书本，度假用品，家具或者孩子们的玩具不放手吗？现在拿定主意，每周给这些东西找一个主人，这样你可以腾出家里面拥挤的空间，释放被堵塞的能量。一旦你居住的家园和内心的心灵家园有了舒展、呼吸的空间，你也会感到心旷神怡。然后，放慢脚步闻闻路旁的花香，享受生活吧！

生活需要"大扫除"

拿破仑·希尔博士

等到我们长大成人，很多人已经在生活中积累了不少乱七八糟的物品。当你逐渐了解自己，心目中理想生活的模样日渐清晰，你就会意识到这些乱糟糟物品的存在。把它们扔出去！

你可以先抛开那些浪费你的光阴，想方设法干扰你、阻拦你，企图控制你的人。把他们都清理出去！你不必把他们都变成敌人，但是如果你真的想做回你自己，想实现自己的梦想，你就有办法躲开那些人，因为他们企图剥夺你做回自己的权利，而这个权利是不能被剥夺的。

还有一种是你自己一手制造出来的混乱局面。你的生活之所以杂乱无章，是因为你不清楚自己该如何利用每一天。这时，你应该制定一个时间计划，把你的时间分配好，优先考虑那些"必须做的事情"，凡是那些想过上富裕而惬意生活的人，都应该如此。

一天中八个小时分配给睡觉和休息。

还有八个小时分配给你的工作或生意；但是随着成功模式的巩固，你工作的时间会逐渐减少。

剩下的八个小时尤其珍贵。你应该把这段时间分成几个片段，每一段都用来专门从事你梦想中的事情，而不是你必须做的事情。那么，你渴望做什么？现在停下来，好好思考。列出一个单子，比如：

玩乐，社交生活，阅读，写作，弹乐器，扩展某一个领域的知识（但是跟你的生计无关），照看你的花园，在你的家庭工场中搭建小机械，徒步旅行，划船，"干坐着"欣赏天上的云彩或者星星……

我重复一下，剩下的八个小时尤其珍贵。他们就是你的自由时间，在这段时间里你可以完全按照自己希望的样子过自己的日子。你会发现，这么做需要一些勇气。也许你早就练就了对他人过分的责任感而不敢放手（其实你完全是在干涉别人，管闲事）；也许你因为从小就被灌输"手闲着没事做，魔鬼替你找活儿干"之类的无稽之谈而无法释怀；但是，你需要鼓起勇气，敢于做你自己，敢于摆脱从众的压力，敢于反抗别人操纵你的人生。

《用平和的心态致富》，佛赛特，1955年，

第129—130页

第52章

在接下来的七天里，我向你挑战，在每次别人问你怎么样的时候，看你能否用"好极了！"来回答。要注意别人对你的反应；也要注意这个回答给你带来的感受；以及它会引出什么样的谈话。

——汤姆·卡宁汉姆

使用得当的食用色素可以让菜肴看起来更美味，而使用不当却让你大倒胃口；同样的道理，我们的措辞积极与否也会对我们的世界产生影响。想要成功的人应该使用积极的思考方式和包含积极内涵的话语。举个例子，无论我们对外面天气的感知是美好还是恶劣，只要我们积极认可美好的天气，我们就可以驾驭自己的大脑，让它看到当下的美丽。对着恶劣天气唉声叹气，对着酷寒诅咒、辱骂和威胁，只会让我们的世界更凄惨、黯淡。你有没有这样的经历，你正在欣赏一朵花，为它精致的美而赞叹时，却听到有人抱怨花朵还没有盛开？或者，去海边欣赏日出，它的壮丽甚至可以成为梵高，雷诺阿，或者莫奈画笔下的经典，但是有人却看不到壮观的日出，反而怒气冲冲地指责冲到沙滩上的臭鱼？美丽在于发现。

　　既不积极也不消极、无关痛痒的话语对我们没有什么影响力。它们没有推动我们向前的力量，仅仅把我们丢在原地而已。而积极的话语则帮助我们成为赢家。它们清除了本垒打的障碍，让我们坚持跑完马拉松的全程，并且成就最完美的自我。

　　使用积极的自我暗示时，你其实在给自己做一次心灵按摩，它让你身心放松，感觉良好。只要你朝着自己设定的目标付出不懈的努力，就会产生预期的效果。不要欺骗自己，以为你是个什么重要人物，因为你不是。相反，你应该挑战自我，每天甚至每小时都给自己做积极的心理暗示来提高自己的成功意识，一次只要一个积极的暗示即可。相信这一点，只要你相信，你就可以实现梦想！

思想的习惯

拿破仑·希尔博士

对生活没有什么规划的人从来不试图约束或者驾驭他们的思想，而且从来不知道积极心态和消极心态的差别。他任由自己的头脑受到飘忽不定思绪的影响。凡是养成飘忽不定思考习惯的人，在处理其他事务时肯定也是如此。

有这么一个寓言故事，魔鬼接受采访时说，他最害怕有一天世界上会出来个知道使用头脑的思想家，别的他一概不担心。魔鬼还补充说，那些忽视自己头脑、没有什么规划、随波逐流混日子的人，都逃不出他的手掌心。控制这些浪荡子的不只是魔鬼，还有那些企图剥削、利用他的人，以及头脑中游荡的消极思想。

那些把握自己命运的人通过自我约束充分地主宰自己的头脑，并且制定确定的计划和目标。他一心专注于渴望实现的目标，同时用自己渴望的目标武装自己的头脑，而把不想要的东西拒之门外。

积极的心态位居人生十二大财富的首位，而且也最重要。没有规划、随波逐流混日子的人根本不可能有积极的心态，只有拥有严谨的时间概念和自我约束习惯的人才能实现。一个人在他的职业上投入再长的时间，也无法补偿积极心态的好处，因为积极心态的力量可以大大提高时间的利用效率，并且产生更大的效益。

　　积极的心态不是野地里的杂草，不可能自发成长，必须通过对思维习惯的细心训练才能培养出来。而培养积极心态的最好基地就是一个人的职场，因为他的大部分时间都花在自己的工作上。你可以在工作中进行下意识的训练，从而提高你的工作效益，并培养出积极的心态。

　　一旦你驾驭了自己的思想习惯，那么你就能驾驭自己。而随波逐流、混日子是无法办到的。要把你的思想组织起来，决定你想要实现什么目标，渴望达到人生的什么境界；然后计划怎么样才能把你的想法落实到有组织的行动上，抱着不屈的信念和不懈的恒心坚持到底。只有这样，你才能成为自己命运的主宰，灵魂的统帅。

　　不要浪费时间担心别人的想法。重要的是你在想什么，做什么。

　　　　　　　　　《积极心态成功学》，第463—464页